ちくま新書

昭和史講義【軍人篇】

筒井清忠 編
Tsutsui Kiyotada

1341

昭和史講義 軍人篇【目次】

凡例

＊各講末の「さらに詳しく知るための参考文献」に掲載されている文献については、本文中では（著者名　発表年）という形で略記した。

＊表記については原則として新字体を用い、引用史料の旧仮名遣いはそのままとする。

昭和陸軍の派閥抗争――まえがきに代えて

†間違いの多い昭和史本が生み出される背景

昭和史についての著作には残念ながら不正確なものが少なくないが、その感が最も深いのが戦争や軍隊・軍人を扱ったものである。テーマ上、執筆前にいささか感情的になるところがあってもやむをえないかもしれないが、執筆にあたっては最低限の歴史書のルールを踏まえてもらわねば困る。しかし、そうではないものが少なくないのである。例えば、軍人・軍隊への事実に基づかない一方的な攻撃・糾弾やそれへの反発からか擁護・礼賛に終始したものも少なくない。

まず行われねばならないのは厳密な史料批判に基づいた正確な史実の確定であり、それが行われてから初めて批判や論評が行われるはずなのにそうなっていないのである。

こうした事態の原因ははっきりしており、需要が多いのに供給側が圧倒的に少ないということとによっている。マスメディアの編集者は本来そうした不正確なものを整序すべき存在なのだが、むしろ需要に迫られた彼らが先頭を切って間違いの多いものを刊行し続けている有様である。

ではどうして供給が少ないのか。ここが問題である。戦後、まず、こうしたテーマはタブー視されてきたところがあった。今の若い人は驚くかもしれないが、戦後かなりの間このテーマに関心を抱き研究をすること自体が戦争を肯定しているという誤解が生じがちでそのためテーマとして避けられ続けてきたのである。今から見るとおかしなことだが、東条英機のような軍人がリーダーとなって行った戦争の結果、内外に多くの犠牲者を出し国中が焼野が原となるところから出発した戦後の日本ではこれは致し方ない面もあったかもしれない。

それがようやく一九七〇年代頃に筆者の世代が研究成果を発表し出すにつれ徐々にそうした誤解も薄れだし客観的な研究が行われ始めたのである。そのためにはほぼ一世代二〇〜三〇年ぐらいの時間が必要だったのかもしれない。

それから四〇年ぐらい経つ。色々な史料が発見され聞き取りも整備された。が、長いようで短い時間でもある。まだ時間はそれほど経っていないといえなくもない。本書で私が取り上げる堀悌吉の場合、残された膨大な史料が近年ようやく発見・整備され全三巻の資料集がやっと刊行されたところである。

そして、二・二六事件の根本史料である軍法会議の裁判記録が（私らの）国会での法務大臣への請求によって国立公文書館で見られるようになったのが二〇一七年のことである。

大きく言えば、まだまだ、基礎的な史料が整備され出したところであり不分明な史実も少なくないのが実情なのである。

また、先述のようなタブー・誤解はほとんどなくなってきたが、平和のためには戦争の歴史をよく知らなければいけないという当然のことが知られだしたのも実は極めて最近のことである。それでもまだ認知度が低いところがあるかもしれない。このため戦争やとくに軍人の歴史を専門に研究・教育している一般向け高等教育機関は日本にはほとんどない。わずかに存在する文学部の史学科系や法学部の政治学系などで勉強するしかなく、しかもそこでの主流の研究とはいえない。ということはポストは極めて少なく研究者も少数ということである。

しかし、昭和史における戦争の歴史は現代につながる最も重要な歴史であり、歴史認識の問題は政治問題になることも多く関心は高い。こうしてこのジャンルは多くの需要が生じながら供給者は少ないという特殊なジャンルとなっているわけである。

言いかえれば、それは専門的知的訓練を受けたことがなければ本格的史料研究もしたことがない人が参入しやすいジャンルでもある。さらに専門的訓練を受けた研究者ほど、史料的に確実か否かの判断は慎重で断定を避けるものであり、大げさな決め付けの好まれがちなマスメディア向きではないとも言えよう。

こうして、読者に好まれる、わかりやすくそれだけに間違いの多い昭和史本が氾濫する現状となっているわけである。これに便乗しているのは、フリーのライターに多い傾向があるが、大学の研究者でも他のジャンルを研究していた人が新たに参入した場合同じことが起きることがよくあるので、あまり変わらないといえるかもしれない。

中には間違いが何ページも続くような書物を書いている人がオーソリティ化している場合すらある。それは、知的蓄積を尊重する教養主義が衰退すると何が招きよせられるかを象徴しているともいえよう。売り上げ・視聴率がすべてに優先することになると正確性を確認するだけの余裕がマスメディアの側になくなるのだ(本書の参考文献に示されていないのがそうした内容のものである)。

以上が、間違いや盗作まがいの内容が充満したものが平気で横行する戦争・軍隊・軍人に関する昭和史本の憂慮される現状とその原因とである。読者の判断材料になればと思う。

本書はそうした中、信頼できる執筆者に依頼して、正確な史料と新しい研究成果をまとめた、信頼できる最新の昭和軍人列伝である。読者は昭和の戦争・軍隊・軍人についての議論をここから始めてもらいたいと思う。複数の人物を対象とする執筆者が多くなったのはそれだけ信頼できる研究者が少ないという以上の残念な事態の表れである。しかし、それだけに本書が内容的に信頼できる表れでもあるとご理解いただきたい。

取り上げる人物は、言うまでもなく重要な人物を中心にしたところ、陸軍八人・海軍六人となった。しかし、陸軍の宇垣一成《かずしげ》・真崎甚三郎・荒木貞夫・板垣征四郎・永田鉄山・山下奉文・橋本欣五郎・田中隆吉・影佐禎昭・辻政信・磯部浅一《あさいち》、海軍の鈴木貫太郎・岡田啓介・伏見宮・加藤寛治《ひろはる》・末次信正・嶋田繁太郎・井上成美《しげよし》・大西滝治郎・藤井斉《ひとし》など取り上げるべき人物はほかにも多い。次の機会を期したいと思う。

†陸軍派閥対立の起源——九州閥と一夕会・青年将校運動

さて、次に内容的な説明に入っていきたい。というのは、昭和の軍人伝の基礎的背景となる軍部の内部の変遷に関し海軍の内部については第14講の堀悌吉のところに（ある程度ではあるが）書いたのでそれをお読みいただくとして、陸軍の内部について全体として説明した箇所がないので簡潔に説明しておきたいと思うのである。

陸軍の中枢では明治以来、山県有朋を中心にした長州閥が桂太郎、寺内正毅《まさたけ》、田中義一と受け継がれてきたが、大正後期・昭和初期には人材が切れ、岡山出身で長州閥の庇護を受け昇進してきた準長州閥の宇垣一成を軸にした宇垣閥へと展開していった。

これと対抗したのが大山巌に始まり上原勇作を中心とした薩摩閥で、武藤信義らを経て真崎甚三郎・荒木貞夫などを擁する九州閥に転生していく。すなわち明治以来長州・薩摩の二大派閥があったが、大正から昭和初期の頃には後者の系譜を引く九州閥を押さえつつ、前者の系譜を継ぐ宇垣閥が人事などを握り陸軍の中心では優勢であったのである。

そうした中、一九二一年、永田鉄山、小畑敏四郎《としろう》、岡村寧次《やすじ》という陸士一六期の三羽烏がドイツの保養地、バーデン・バーデンに集まって、かねてから進めていた方向性を新たに明確なものにした。すなわち、第一次世界大戦の教訓を基に、総力戦体制確立、長州閥専横人事の刷新など陸軍立て直しの方向を合意したのである。東条英機も後からこの盟約に加わった。

彼らは帰国後、二葉会を結成(一九二三〜二七頃)、それは「木曜会」(一九二七)、「一夕会《いっせきかい》」(一九二九)につながっていく。

さて、その一夕会が出した決議があるが、それは以下の三点であった。

①陸軍人事を刷新し諸政策を強く進める
②満蒙問題解決
③荒木貞夫・真崎甚三郎・林銑十郎の三将軍をもり立てながら陸軍を再建する

「一夕会」のメンバーは、河本大作、永田鉄山、小畑敏四郎、岡村寧次、東条英機、板垣征四郎、山下奉文、石原莞爾、鈴木貞一、武藤章、田中新一、富永恭次らであり、昭和の陸軍を動かす中枢的人物が結集していた。ただ、例えば梅津美治郎はこういうものに加わっておらず、彼の超派閥的傾向がよく窺えるのである。逆に言うと永田はこういうことに積極的な人であり、陸軍の派閥化を促進した人なのであった。当時軍務局にいた土橋勇逸《つちはしゆういつ》少佐は永田らに対し、「陸軍人事の刷新」を言いながら「一夕会の者だけを重用することは」「一夕会閥を作るものではなかろうか」と批判的に認識していた（土橋勇逸「一夕会と桜会」防衛研究所図書館、六〇～六三頁。堀茂『昭和初期政治史の諸相——官僚と軍人と党人』展転社、二〇一七、四七頁）。

こうして彼らは、陸軍を総力戦と（折から浮上した）満蒙問題に対応し得るように作り変えていかなければいけないとしたわけだが、長州閥から宇垣閥の流れではそれが実行できないと見たところから荒木・真崎ら九州閥とつながっていくことになった。犬養内閣の荒木貞夫陸軍大臣（一九三一）は一つにはこの流れの中から実現していく。

一方、大正後期以来の猶存社の北一輝を中心とした超国家主義（平等主義的革新）運動は西田税《みつぎ》を獲得したことにより青年将校運動へと発展していた。西田税を基点にして菅波三郎さらに大岸頼好《おおぎしよりよし》・末松太平らの草分け的存在を経て昭和初期には広汎な裾野を持つ運動として展開していったのである。彼らは宇垣閥への反発からやはり荒木・真崎らを支持することになる。

こうして、一九三一年一二月に九州閥の荒木陸軍大臣が登場した時は、九州閥の上級将校と、一夕会系の中堅幕僚、青年将校グループの三者がいずれも荒

荒木・真崎ら九州閥将官

＝

永田ら一夕会幕僚グループ

＝

青年将校運動

木に非常に期待するという状況となった。

この間、一九二九年の世界恐慌による不景気と満州をめぐる中国との関係悪化の中、一夕会の石原らは満州事変を起こし満州国を既成事実化するとともに、別の急進的幕僚グループ桜会の中堅幕僚グループによる三月事件・一〇月事件という未遂クーデター事件もあり、内外の危機は深まっていた。

そうした中実現した荒木陸相だが、荒木は実務的能力がなく、その上、これまでの派閥間対立のいきさつから徹底的な宇垣閥排除・九州閥登用の人事ばかりを行い多くの反発を招いた。

こうして荒木の信望は落ちたので、一九三四年一月、真崎と相談の上風邪を引いたのを機に退くこととし、林銑十郎を陸軍大臣に就けた。しかし、この林は政治的に非常に目先の利く人物で、こうした恣意的人事などのために荒木や真崎たちの評判が宮中を中心に非常に悪いと知り、荒木・真崎排撃の活動を始める。この時、永田鉄山や東条英機のグループも、荒木らを見切り排撃に回った。この永田らが統制派である。

†皇道派VS統制派

統制派がいつ頃成立したのかははっきりしないが、一九三三年秋頃に永田鉄山、東条英機、武藤章、富永恭次らが研究会を開始したのが起源であることは間違いない。荒木陸相に失望した永田らが「高度国防国家建設」に向けて研究会を始めたのが統制派なのである。

ところが、北・西田の影響を受けた青年将校たちは、一九三二年に海軍の青年将校が起こした五・一五事件の際も動かず、弁舌だけの荒木にはかなり失望したがあくまで真崎らを押し立てて陸軍と国政の改革を行おうとした。こうして永田を中心にした中堅幕僚による日本を高度国防国家に向けて作り変えていこうとする「統制派」と、荒木・真崎らと彼らを押し立てて日本国内の平等主義的変革を進めようとする青年将校グループとの結合としての「皇道派」が対立していくことになった。

両派の対立はすでに一九三三年一一月に始まっていた。この時、陸軍の親睦団体偕行社において幕僚と青年将校グループの会合が開かれたのだが、幕僚側は〝国政改革は陸軍大臣を中心に軍中央が行うので、青年将校は軍内横断的政治工作をするな〟ということを主張したのに対し、青年将校側はこれに反発して〝我々が挺身して革新の烽火を挙げる〟と主張し、両者の懇談会も物別れとなっていたのである。

その後、一九三四年三月、林陸相は永田を軍務局長に起用。永田は青年将校の集会を禁じるなど露骨な青年将校運動の弾圧を始めた。

当時青年将校達は「上下一貫　左右一体」と称して、上長部下・同輩へと運動を伸ばすことを試みていたのだが、それらが禁圧され出したのである。

一九三四年一一月二〇日、青年将校運動の中心人物磯部浅一・村中孝次らがクーデター計画容疑で憲兵隊により検挙された。

不可解な事件であり真相は長い間不分明であったが最近ようやく解明され以下のようなものであることがわかった（詳しくは拙著『陸軍士官学校事件』中公選書、二〇一六参照）。

まず、五・一五事件などに影響を受けた陸士候補生らが直接行動を計画し村中ら青年将校に接近、両者の接近を知った辻政信中隊長が両者を離反させるために情報収集・離反活動者として彼らの間に配下の佐藤候補生を送り込んだ。

この過程で村中が、佐藤候補生の運動からの離脱を恐れて元来準備のない直接行動計画を不用意に話した。これを、不穏な事件が切迫していると誤認した辻と、参謀本部で青年将校運動の取り締まりを職責とした片倉衷らが事件勃発を阻止することを主目的として憲兵隊に知らせた。が、憲兵隊などの動きが十分でないと見た辻らは深夜陸軍次官に直接訴えて事件化したものであった。その際、辻は説得工作も行っているが、片倉は青年将校運動の取締りの意図の方が強かった。

磯部らはこれを、全体として統制派の辻政信・片倉衷の策謀によるとして反撃したが、翌年春磯部ら二人は停職処分となり、生徒五人が退学処分となる。また検挙された後磯部・村中の二人は辻・片倉を誣告《ぶこく》罪で告訴したが、無視されたので一九三五年七月にはこの間の陸軍の内部事情を暴露した文書『粛軍に関する意見書』を発表。これに対し陸軍は二人を免官にした(一九三五年八月)。

皇道派はリーダー格の真崎が教育総監という地位にいたため思うように青年将校支援の活動を行うことができず、それに対して、青年将校運動の取締に強い意欲を持っていた永田軍務局長の方がその地位からして攻勢に出ることができ、村中らによる誣告罪告訴などの反撃も強権的に押さえ込むことができた。しかし、あまりにも強権的なその手法は青年将校運動の取り締まりどころかいっそうの過激化・急進化を生むことになる。

そして、この動きと相前後して起きたのが真崎教育総監罷免《ひめん》であった。林陸相就任後、次々と皇道派左遷人事が続き、皇道派にとって最後に残った重要ポストが陸軍三長官の一つ教育総監であった。これを林陸相は罷免したのである。

真崎は、陸軍三長官人事は三長官の合意によらずしてはできないとして陸相の人事権の否定を試み、三月事件の際の永田軍務局長の〝クーデター企画書〟まで持ち出し争ったが敗北しポストを失った。

真崎が教育総監を罷免され(七月一五日)、磯部・村中が免官された(八月二日)ことを以って統制派による皇道派への全面的圧迫・抑圧と見た皇道派の相沢三郎中佐は八月一二日に陸軍省軍務局長永田鉄山少将を斬殺するに至った。相沢事件である。皇道派の強烈な逆襲であった。

†二・二六事件後――石原派vs東条派

こうして両派対立はのっぴきならないところまで来た。この後、林陸相は責任を取って辞め、中立系の川島義之が陸相になる。川島は両派の調停を考えたようだが、大した手も打てないままに青年将校の多い第一師団の満州派遣が決まり、ついに彼らは一九三六年二月、クーデター(二・二六事件)を起こす。

二・二六事件クーデターはよく知られているように失敗する。事件後の広田弘毅内閣の組閣人事への陸軍の干渉は激しく、吉田茂等六人の大臣候補の改変を要求するなどするが、では事件後その陸軍の内部ではどのような変化が起きていたのか。

皇道派・青年将校運動の決定的衰退が起きたのは当然であった。「ロボットを自覚したロボット」寺内寿一陸相の下に梅津美治郎陸軍次官・石原莞爾参謀本部作戦課長・武藤章軍務局軍事課員らを中心とした体制が「粛軍」の名の下にできる。中でも叛乱軍鎮圧の電報を早くに打った梅津次官の声望は大きかった。やや後の一九三九・四〇年頃、軍務局軍事課という陸軍の中枢にいた西浦進中佐は、当時陸軍中枢の「将来のホープ」と彼らに一般的に見られていたのは誰かという質問にすぐに「梅津」の名を挙げている(西浦進『昭和戦争史の証言』原書房、一九八〇、二四二頁)。

しかし、次に石原派（満州派ともいう。片倉衷ら）が急速に台頭する局面となる。一九三七年二月、急速に台頭した石原派は彼らの目指す長期産業経済計画・国防計画などの国策実現に向け宇垣内閣を流産させさらに林内閣組閣を行っていくが、林内閣組閣工作を頂点として凋落が始まる。石原は林内閣に板垣征四郎を陸相に送りこみ自らの産業・国防計画を実現しようとしたのだが、梅津次官の許容するところではなかったのだ。

すなわち、林内閣組閣工作をめぐって梅津美治郎を中心とする軍首脳と石原莞爾を中心とする幕僚が対立したが、「思慮あくまで周密、情勢の推移を注視して寸分のすきも見せなかった達人」（高木惣吉『連合艦隊始末記』文藝春秋、一九四九、一七六頁）梅津が、林を擁立した石原を抑えこんだのである。梅津は、石原が満州事変の際、軍秩序を破壊した責任を自覚することなく「却て軍の指導権を掌握しようとの野心がある」ことを黙視できなかったのである（梅津美治郎刊行会、上法快男編『最後の参謀総長梅津美治郎』芙蓉書房、一九七六、二一一頁）。

一九三七年三月、梅津次官は政治工作を行った石原派の片倉を左遷させる。また、作戦部長となった石原は、前年六月関東軍参謀として綏遠事件を企図し自らの中止勧告を聞かなかった武藤を有能ゆえに作戦課長に起用する。これは石原派没落の端緒となる。

七月、盧溝橋事件で日中戦争が始まると不拡大論の石原作戦部長と拡大論の武藤作戦課長が対立。拡大派は武藤作戦課長のほか田中新一陸軍省軍務局軍事課長ら多数派であり、不拡大派は石原作戦部長のほかは柴山兼四郎陸軍省軍務局軍務課長ら少数派であった。

田中新一軍事課長は武藤と同じ陸士二五期であり、武藤が二・二六事件後兵務課に採ったことから、兵務課長を経て、軍事課長となっており、盧溝橋事件を武藤参謀本部作戦課長とともに拡大させたのである。

田中は後に作戦部長となり東条首相を罵倒する事件を起こすが、それも「困難な局面」を「逃避せんとして打った芝居」と見られており部下からも「思慮あり責任ある将帥、幕僚」とは見られない人物であった（西浦前掲書、一七九頁）。

そして、戦線は拡大され九月には石原自身が関東軍参謀副長に左遷される。関東軍参謀長は東条であった。

石原が関東軍に行く前に開始しておいたのがドイツの駐華大使トラウトマンの和平工作だが、一九三八年二月、広田外相・杉山陸相らの反対に押し切られ不拡大派（石原派）の多田駿《はやお》参謀次長は敗北し、「爾後国民政府を対手とせず」の近衛声明が出され戦争はさらに拡大する。

一方、石原派と東条派の戦いは根深く続く。拡大した戦争を早く終結させることを目指した近衛首相は一九三八年六月、不拡大派の石原派の板垣征四郎を陸相に就任させる。首相による陸相交代劇であった。しかし、近衛は陸軍次官には東条を起用した。結果として板垣陸相は石原派の多田参謀次長と連携することが多くなる。東条参謀長と石原参謀副長は関東軍でことごとく対立していたが、こうして東条次官と多田参謀次長が対立する時代となる。

この時、東条の腹心は陸大の教官と学生という関係で親しかった佐藤賢了中佐（軍務局軍務課国内班長、新聞班長・大本営報道部長）くらいしかおらず、東条は何かにつけて佐藤と相談、例えば軍務課長の影佐禎昭は多田の「走狗」と見られ一切信用されなかった（矢次一夫『政変昭和史――戦時下の総理大臣たち』サンケイ出版、一九七九、上巻四一三頁）。

一九三八年、東条の後の関東軍参謀長磯谷廉介とも悪くなった石原は内地に帰還、この石原の処遇をめぐって東条次官と多田参謀次長が激しく対立する。石原は一二月に閑職の舞鶴要塞司令官とされるが、この人事を多田参謀次長らは追及。多田らは、板垣陸相に東条次官の交代を迫るが、東条は多田の辞任を交換条件として頑強に抵抗。結局、多田は第三軍司令官に転出（石原派の今田新太郎参謀本部員も更迭）、東条は航空総監になる（佐藤も更迭）という板垣陸相による喧嘩両成敗的決着となった。

しかし、石原派のブレーン浅原健三も東条系の東京憲兵隊長加藤泊治郎により逮捕される（浅原事件）などしたので石原派は大きく後退した。それに対し中央に留まった東条には有利な「栄転の形」であったから「多田はいたく板垣の遣口に憤慨し、板垣に公私ともに絶交とまで申入れた」という（畑俊六著、軍事史学会編、伊藤隆・原剛監修『元帥畑俊六回顧録』錦正社、二〇〇九）。

東条にとっては直接的政治から離れた「悠々自適」の時期となる（矢次、上巻四一三頁）。

†武藤軍務局長と田中・服部・辻の参謀本部

一九三九年、五月から九月にかけてソ連との国境紛争ノモンハン事件が起きた。強攻策をとって失敗した関東軍参謀服部卓四郎中佐と辻政信少佐はそれぞれ歩兵学校付と第一一軍司令部付に左遷される。

一方、一九三九年八月、平沼内閣が倒れると、後継の阿部内閣組閣に際し、多田第三軍司令官が陸相に決定しかかった。東条航空総監はこれを阻止しようとして対立。天皇による「陸相は梅津か畑」という畑陸相指名で事態は落着する。

なお、阿部内閣組閣に際しては有末精三軍務課長が大きく関与しており、有末の「製造した」内閣とも言われた。「阿部内閣の組閣本部は（中略）事実上は陸軍省軍務課長室」で「有末大佐が組閣の事実上の参謀長であり」「（内閣書記官長の）遠藤柳作は阿部大将と有末との連絡役以上の存在ではなかった」。有末らが内閣の「背骨」と構想した民政党の永井柳太郎を町田忠治総裁が拒否したと知った有末は、軍務課長室で民政党の中井川代議士に「陸軍は貴党の挑戦に応ずる」と威嚇。民政党はたちまち腰砕けとなり永井の入閣が決まった（矢次、下巻二二一～四〇頁）。すなわち、全体として陸軍の政治勢力は大きなものとなっており、軍務課長が組閣に活躍する状況となっていたのだった。もっとも、それだけに天皇の陸相指名が起こり、有末も注意を受けることになるという反動も起きたのだった。

そしてこうした中、一九三九年九月、中国大陸に出ていた武藤章が軍務局長として戻ってくる。武藤章軍務局長時代の開始である。どうして武藤は帰ってきたのか。

武藤の盟友田中新一は、関東軍参謀長時代に同居するなど親しかった岩畔豪雄を、自らが兵務課長になる時に兵務局に採用(一九三六年八月)していたが、軍事課長(一九三七年三月)をやめて転出する時後任を岩畔としておいた(一九三九年二月)。そして、一九三九年九月、町尻軍務局長の後任人事の相談が山脇正隆次官から岩畔軍事課長と有末軍務課長にあった時、岩畔らが武藤軍務局長と田中新一作戦部長という提案を行い、まず前者が実現したのであった(上法快男『陸軍省軍務局』芙容書房、一九七九、四四七〜五〇頁。有末は別の回想では有末個人が武藤を推したという(『軍務局長武藤章回顧録』芙蓉書房、一九八一、一六七頁))。

武藤は三七年一二月に中支、三八年七月に北支の各方面軍参謀副長を経験し、日中戦争への基本認識を大きく改めていた。ナショナリズムに目覚めた中国大衆の動向への認識が不十分だったことに気づき戦争拡大論を反省していたのである。中国大陸に来た日本人の中にある「粗暴驕慢」「偏狭な日本精神の押売り」の面は「支那民族には一向理解できない」ことを悟っていたのである(武藤前掲書、八九〜九〇頁)。

こうした認識が陸軍にある中、一時は大陸からの撤兵案が出てくるような状況もあったが、そこに生じたのが四〇年四月、ナチスのヨーロッパ大陸での電撃的攻勢であった。その圧倒的勝利により四〇年七月、米内「親英米」内閣は倒壊する。そしてマスコミによる「近衛新体制」待望世論の急速台頭の中、第二次近衛内閣が成立し四〇年七月、東条陸相が登場する。

この時、阿南惟幾《あなみこれちか》が陸軍次官であった（三九年一〇月）。阿南は沢田茂参謀次長に次の陸相について相談した。衆目の一致するところは、梅津か東条であった。梅津は関東軍司令官（三九年九月）であり、「思慮周密にして冷静」（『最後の参謀総長梅津美治郎』四〇六頁）な梅津に統帥部は続けてもらいたかった。さらに、梅津と阿南が同郷（大分）であり、阿南は梅津が大臣になるなら自分は次官をやめると繰り返し言っていたため沢田は「私情としてそれは言うにしのびなかった」（沢田茂著、森松俊夫編『参謀次長沢田茂回想録』芙蓉書房、一九八二、六三～六九頁）。こうして、阿南は東条就任を進めて行くが石原との融和を条件としたと見られており、七月末に東条と石原らが「電撃的に」会談したが物別れに終わる。この後、結局石原は東条陸相により予備役入りが決められたのだった（野村乙二朗「昭和一五年七月政変に於ける阿南惟幾の役割」『政治経済史学』四八二号』二〇〇六、一〇～一二頁）。

東条陸相・松岡外相の第二次近衛内閣は大本営政府連絡会議で「世界情勢の推移に伴う時局処理要綱」を決定し（それは南方進出が謳われたものであったが、決定的なものではなかった）、四〇年九月、電撃的に三国同盟が結ばれる。三国同盟は松岡外相の強力なイニシアティヴによるものであり、武藤らはほとんど関与してはいない。むしろ、陸軍内部で問題となったのは同じ四〇年九月の北部仏印進駐の方であった。

援蔣ルートの遮断を目指し行われた北部仏印進駐であったが、平和進駐と決まっていたものを富永恭次作戦部長がわざわざ現地に赴き武力進駐を指導するという不祥事を起こしたのである。このため作戦部長を田中新一へ交代させることになる。田中新作戦部長は東条大臣の提案で、杉山元参謀次長が引き受けて来たものを沢田茂次長が「情勢が極めて重大微妙である折から(中略)幅の広い考え方の者でないと困る」として総長を説得。東条大臣に交渉したが、「総長が引き受けたものを次長が文句をつける法があるかとまで激昂」するので拒絶できず決まった(沢田前掲書、九二〜九三頁)。すでに見た通り岩畔らの人事提案にあった結果でもあり、武藤は田中に期待したのだが裏切られることになる。

同じ頃(一九四〇年一〇月)、閑院宮が八年十カ月勤めた参謀総長をやめることになり、阿南次官は畑を、沢田次長は寺内を後任に考えたが、東条は周囲の意見を聞かず「高級人事については大臣が一人でやるから他人の進言を待たず」と「杉山」に強行した。独裁的傾向を見せ始めた東条に二人は怒る。沢田がまず去り(一九四〇年一二月)、東条の「不愉快」を沢田に三回も相談した阿南も去る(一九四一年四月)。阿南は、東条陸相推薦を「一生の最大の過失」と悔やんだという(田中隆吉『日本軍閥暗闘史』中公文庫、一九八八、一三二頁)。

なお武藤は新しい政治勢力の結集も期しており、強力な政党による「新体制」の確立を考えていたが、観念右翼の反対もありまた既存の秩序の存続を求める内務省の反抗も強く結局「大政翼賛会」(一九四〇)は「公事結社」と化し構想とはかけ離れものであった。

四一年四月、日中戦争をめぐり日米関係悪化の中日米交渉が開始され、続いて四一年六月独ソ戦開始、四一年七月南部仏印進駐、米の日本資産凍結そして対日石油輸出禁止となり、事態は日米戦争直前に進んで行く。対米開戦派と非戦派の対立の状況が生まれるのである。

すなわち、四一年七月、参謀本部では田中新一作戦部長、服部卓四郎作戦課長、辻政信戦力班長という体制となり開戦派が主流となるのに対し、陸軍省では中核となる武藤軍務局長が日米非戦の立場だったのである。

服部作戦課長、辻戦力班長はノモンハン事変の失敗で左遷されたものがこの地位にまで復活していたので失敗を取り返そうという意識が非常に強かったことは否定できない。一方、武藤軍務局長は日中戦争の泥沼化への反省から日米戦争はそれ以上の持久戦となり勝ち目がないという認識から日米非戦の立場だったのである。武藤は大正末に二年半ドイツに駐在したが帰りに二カ月間アメリカに立ち寄り「何にも古いものはない」「すべてが動いている」「近代文明の具体化」アメリカに驚いて帰国した経験があったが、それがこうした態度の根底にあったと見られる(武藤前掲書、一〇頁)。

こうした状況が生まれるプロセスを見ておこう。四一年三月武藤系の河村参郎軍務課長が東条派の佐藤賢了に代えられ、四月には次官も阿南から東条系の木村兵太郎に交代、人事局長にも北部仏印進駐で左遷されながら東条と「特別な関係」(西浦進『昭和陸軍秘録——軍務局軍事課長の幻の証言』日本経済新聞出版社、二〇一四、三五六頁)の富永が復活して着任し、武藤には次第に不利となり始めていた。

そして、参謀本部に戦力班長として着任していた(四〇年一〇月)服部が、七月に台湾で南方作戦を研究していた辻を起用しようとして土居明夫作戦課長と対立。土居は「君と辻とが一緒になったら、またノモンハンみたいなことをやる。だめだ」とこの人事を拒否した。しかし、服部・辻は参謀本部・陸軍省などに「根をはって居って、同志で気脈を通じ、全体の空気を作って」いき、土居に「この壁は破れなかった」。

土居は、服部の転出か自己の転出かを田中作戦部長に迫り、土居の転出が決まると「服部はすぐに辻を補充して南方作戦一色となった」「これで日本の方向は決した」(土居明夫伝刊行会編『一軍人の憂国の生涯』原書房、一九八〇、一七〇〜一七一頁)。ここが一つの分岐点であったともいえよう。

参謀本部の田中作戦部長、服部作戦課長、辻戦力班長という体制は何といっても強力であった。当時作戦課にいた高山信武少佐は、この三人が参謀本部における「開戦の強力な主唱者」

だったとしている（田中新一著、松下芳男編『田中作戦部長の証言――大戦突入の真相』芙蓉書房、一九七八、六頁）。また軍務局で武藤の下にいた石井秋穂中佐は、「赤松（貞雄陸相秘書官）、富永、佐藤、服部、辻」を「東條直系」と呼んでいる（武藤前掲書、二五七頁）。

独ソ戦開始が知られた時、陸軍省では武藤を中心にすぐに協議し不関与を決めるが、参謀本部では強硬論が強く「様子見の」関東軍特殊演習になるのである（武藤前掲書、二四一～二頁）。

こうして、四一年一〇月東条内閣成立、四一年一二月太平洋戦争開始となる。

秋になると、開戦決定の時期を決める大本営政府連絡会議（一一月一日）に出かける「塚田（攻参謀次長）が『陸軍省がなんだ、武藤がなんだ』と口走りながら車に乗った」という報告が参謀本部から陸軍省に入るという有様であった（武藤前掲書、二七二頁）。

陸軍省でも富永人事局長らが開戦論であり、武藤も苦しかった。最後は非戦論の武藤軍務局長と開戦論の田中作戦部長とが連日のように激しく激突したが、陸軍省の富永人事局長が田中を援護するので「二対一」の格好ともなった（西浦前掲書、三六〇頁）。

一一月一八日、議会では対米強硬の「国策完遂」決議がなされ、一二月初めには陸軍省記者クラブの記者達が陸相に面会を求め、対応した西浦進軍務局課員に「どうですか対米交渉は、国民の間にはもう東条内閣の弱腰に非難の声が起り出した」と迫った（西浦前掲書、一六四頁）。

開戦が決まった時、岡田菊三郎陸軍省戦備課長によると、誰かが「これですべてはっきりしました。蟠りがみな解けて結構ですな」と言うと武藤軍務局長は「そうじゃないぞ。戦はしない方がいいのだ。俺は今度の戦争は、国体変革までくることを覚悟している」と言った(広瀬順皓監修『戦争調査会事務局書類　第八巻　一五　資料原稿綴二〈下〉』ゆまに書房、二〇一五、三六一頁)。

†中堅幕僚グループの重要性

太平洋戦争の直前には東条英機、武藤章、富永恭次ら永田鉄山の下に統制派として結集していた人々が軍の要職についているが、以上見たようにかつてのような統一した目標や結束があったわけではないから彼らを統制派と呼ぶことは適切ではなく意味もない。せいぜい旧統制派とでも呼ぶべきであろう。

言い換えれば、〝二・二六事件後の陸軍は統制派が支配した〟というような言い方は不正確であり間違いだということである。石原派と東条派の戦いが長く続いたということもあれば、二・二六事件後、陸軍次官・関東軍司令官・参謀総長など要職を務めた梅津美治郎は統制派ではなかった。

また、東条派と言っても、すでに述べたように東条の腹心は佐藤賢了など少数にすぎず、東条の「三奸四愚」(鈴木貞一・加藤泊治郎・四方諒二〈東京憲兵隊長〉・木村兵太郎・佐藤賢了・真田穣一郎〈軍事課長等〉・赤松貞雄)と言っても多くが東条が権力を得てからそれに従っていったにすぎない（石原の指導する東亜連盟を信奉していた辻はここに入っていない）。

その意味では次のようなことも言えるであろう。二・二六事件後の陸軍を動かしたキーパーソンとその動きは上述の通りであるが、彼らの背後には多くの中堅幕僚集団と彼らの集合的意志があったことが重要だということである。

土居作戦課長が危険な辻の起用を阻止できなかった背景の説明の際にその一端を述べたが（二九頁）、内部にいた岩畔は一九四〇年頃の陸軍の動向を決めたものとして「不特定多数の五、六〇人の三宅坂の幕僚団とも言うようなそういうものの動き」「大尉から大佐ぐらいの間の参謀本部と陸軍省の課長とか部員とか課員というものの話し合い」「そういう空気」ということを言っている。「石原さんなども大佐の時まではその空気の一人です。少将になって部長になって追い出されるのですからね」（岩畔豪雄『昭和陸軍謀略秘史』日本経済新聞出版社、二〇一五、二一六頁）。

石原は中央の統制を聞かず満州事変を拡大させ、武藤は綏遠事件を企図して止めに来た石原を追い返して日中戦争を拡大させた。その武藤がまた中堅幕僚グループに日米戦争へと押し切られて行く。

そして、時代が下るに従い、下部からの突き上げの主体は特定の個人というより、特定しにくい集団・グループやその「空気」に変わっていった（その背後にはまたもっと大きな「世論」や

「空気」があったようにも思われる)。

梅津美治郎が結局陸相にならなかった要因にも「いわゆる下に向って迎合をしないというところに彼が下から反感を買う所以がある」「要するに下の者から上の者をただ徒に排斥するということが、一つの気風になっている」(近衛の言)ということがあった(原田熊雄日記、一九一二年四月二三日、『西園寺公と政局』岩波書店、一九五一、二九二頁)。

こうした要因が陸軍の内部を根底から動かしたところに問題のむずかしさ・根深さがあることを認識する必要があろう。本書で取り上げた各個々人の問題が確かにあるが、そうした集団的意志が組織を動かすというインフラの問題を考えねば事態の核心には到達しえないように思われるのである。

本講の基礎となる筆者の著作

筒井清忠「大正期の軍縮と世論」(青木保他編『近代日本文化論10　戦争と軍隊』岩波書店、一九九九)

同『昭和前期の政党政治——二大政党制はなぜ挫折したか』(ちくま新書、二〇一二)

同『満州事変はなぜ起きたのか——日中関係を再検証する』(中公選書、二〇一五)

同『陸軍士官学校事件——二・二六事件の原点』(中公選書、二〇一六)

同『二・二六事件と青年将校』(吉川弘文館、二〇一四)

同『二・二六事件とその時代——昭和期日本の構造』(ちくま学芸文庫、二〇〇六)

同『昭和十年代の陸軍と政治――軍部大臣現役武官制の虚像と実像』（岩波書店、二〇〇七）
同『近衛文麿――教養主義的ポピュリストの悲劇』（岩波現代文庫、二〇〇九）
同『戦前日本のポピュリズム――日米戦争への道』（中公新書、二〇一八）

第1講

東条英機——昭和の悲劇の体現者

武田知己

東条の三つのイメージ

東条英機《とうじょうひでき》は、日中戦争が勃発し、やがて泥沼に入り込むまでの間に、関東軍参謀長から陸軍次官（一九三八年六月三日就任）に転じ、さらに陸軍大臣（一九四〇年七月二二日就任）を務めた。そして、一九四一年一〇月一八日、遂に首相の座につく。それによって、東条は同年一二月の日英米開戦の責任者となり、その後二年四カ月の間、あの戦争の指導者となって、侵略戦争として断罪されたあの戦争をめぐる「悪の代名詞」となった。

そんな東条には大きく三つのイメージが刻印されているといえる。第一は、独裁者としてのイメージである。首相となった際、東条は、陸軍大臣と内務大臣を兼摂し、日英米開戦後に内相を退くものの、引き続き陸軍大臣を務めただけでなく、一九四四年二月には参謀総長を兼摂する。東条は、山県有朋、桂太郎、寺内正毅に続く、近代史上四人目の現役軍人の首相だったのだが、国務（軍政）と統帥（作戦用兵）の責任者を一人の人間が兼任することは、一八八五年内閣制度創設以来、初めてであった。そのことが、東条に独裁者のイメージを印象付けたのである。

第二に、一九四二年夏以降、ミッドウェー、ガダルカナル、サイパン・マリアナ沖戦など、日本が敗北を喫した緒戦を指揮した東条には、敗北の責任者としてのイメージも強く刻印されている。政権末期には、東条体制では戦局の転換も和平工作も進捗しないとして、いくつかの東条暗殺計画さえ囁かれた。

しかし、敗戦後、いわゆる東京裁判で被告人席に座った東条は、尋問に立ったジョセフ・キーナン検事の尋問に堂々たる論戦で挑み、宣誓供述書においては、東京裁判の示そうとする歴史観に対し、開戦時のアメリカ側の責任や日本の大義を高唱して徹底した抵抗を見せた。大東亜会議開催時に外相として東条を支えた重光葵は、被告人席の東条の様子を「死を前にして戦う勇者の風あり」と印象深く『巣鴨日記』に記している。第三に、東条には、あの戦争の歴史認識をめぐる修正主義的なシンボル、すなわち、あの戦争を日本の侵略として断罪する歴史観への反論の象徴としてのイメージも付与されているのである。

すでに本シリーズでは、東条の生涯を俯瞰した戸部良一「第13講　東条英機——ヴィジョンなき戦争指導者」(『昭和史講義3』)がある。それ故、以下では東条の生涯を追うことは避け、以上のような東条イメージを踏まえ、日中戦争が長期化してからの東条が、なにゆえに痛烈な批判を受けるに至る強力な政治力を志向したのか、敗戦国の宰相であり、戦争裁判の被告となった東条が、敗戦をどのように受け止めたのか、その戦争の理由と大義を主張することになる論理と心理をどのように評価するか、といった問題を考えてみたい。こうした論点は、政治外交史の立場から東条を再評価する際、ひいては東条の言動に代表される昭和十年代の日本政治の病理を論じる際の論点ともなるだろう。

東条英機(1884-1948)

†軍事官僚として

東条は、軍人だった父・英教のたっての願い通り、一八九九年九月に陸軍幼年学校に入学、中央幼年学校をへて一九〇五年に陸軍士官学校を卒業した。部隊勤務を経て一九一二年に陸軍大学校に入学、一五年に五六人中一一番の成績で卒業している。それは、あたかも近代日本の官僚の典型的な教育課程が、有名中学―旧制第一高等学校―東京帝国大学であったように、東条が軍人としてのエリートコースにのった事を意味した。しかも、任官した際に日露戦争は終わっていたので実践経験はなく、その後も、関東軍の参謀だった際に日中戦争の一環であったチャハル戦を経験しただけで、東条は師団を率いた経験もなく、次官に、そして大臣に就任することになる。

そんな東条が、次々と高官に抜擢された最大理由は、その高い実務能力だった。戸部論文でも論じられているように、昭和十年代に頭角を現した東条は、「軍事官僚」として評価を受け、出世した人物だったのである。陸軍大臣時代に三つの手帳を使いこなして事務を処理したという東条だが、その他にも、毎日深夜まで書類を整理したり、部下の報告をよく聞き、書類にはすべて目を通し、処置方針に対する的確な指示や確認を行ったりと、能吏としてのエピソードには事欠かない。大臣秘書として東条を支えた西浦進は、綿密かつ周到な実務家東条は、複数の局長はおろか、複数の課長すら兼務できると思われるほどだったと東条の官僚としての有能さを表現している。

また、永田鉄山に兄事し、いわゆる「統制派」に属した東条は、幹部として組織の統制に辣腕を振るった。たとえば、昭和史の軍事史を語るうえで決定的なインパクトを持つ二・二六事件の際、関東軍参謀長であった東条は、事件の満州国への波及と内地と呼応した不穏な動きを封じるため、憲兵を用いた事前の調査に基づいて、多数の反乱部隊支持者を即座に逮捕した。

大臣時代には、北部仏印進駐時にフランス軍と独断専行で交戦した部隊を躊躇せず処罰した。そのことは、戦後の巣鴨の獄中で東条が心血を注いで書きあげた宣誓供述書でも触れられている。果敢な断固たる措置により組織の統制を守る東条の姿勢は、組織利害を代表させるに値する人材であることの証拠となった。

†組織利害と国家意思

だが、組織人として自らの属する組織を守り、発展させることと、国家に奉仕することが相互に矛盾することもある。東条が、陸軍と言う組織を代弁する立場に立った昭和十年代後半とは、陸軍の組織利害や意思がしばしば国家意思全体を左右した時代であった。他方で政府の側から見れば、それは、同時期に首相を務めた近衛文麿の回顧録のタイトルにある通り、陸軍があまりに「政治化」しすぎたため、かえって「政治が失われた」時代であった（『失われし政治』朝日新聞社、一九四六）。

しかし、その場合の「軍」とは何だろうか。また、「政治化」とはどのような理由で可能となり、どのような状態となったことを意味するのだろうか。

そもそも昭和期の軍は一枚岩ではなかった。第一に、軍が陸軍と海軍で分裂していたことはよく知られている。戦争は陸と海が統合運用されて初めて可能になるはずだが、そうなっていなかった。

第二に、軍は「中央」と「出先」で分裂していた。その典型は一九三一年九月の満州事変である。しかも、満州事変は、同時代的には日本の国益を断固して守った行動と考えられ、石原莞爾や板垣征四郎は、賞賛されこそすれ、非難されなかったのである。また、「中央」と「出先」の分裂は、中堅層の上層部への下克上と表裏一体であったが、よく知られているように、満州事変もそうした性格を有していた。こうした空気の延長線上で、二・二六事件も起きたのである。

第三に、軍は「国務」と「統帥」で分裂していた。一八七八年の参謀本部条例により、作戦傭兵を中心とする事項及びそれと密接な関係ある事項（帝国憲法一一条）が、政府が管轄する軍事にかかわる国務（同一二条）から独立する。この「統帥権の独立」の契機には諸説あるが、説得的な議論のひとつが、西南戦争後の処置に不満を持つ陸軍の近衛兵部隊が起こした武装反乱事件（竹橋事件）が陸軍上層部に与えた衝撃と当時の自由民権運動が軍に波及することへの強い警戒である。言い換えれば、統帥権の独立とは、「軍人勅諭」が軍人の政治関与を禁じたように、軍の政治への関与を禁じ、軍事を政治から守るための制度として創設された側面があった（戸部良一『自壊の病理』日本経済新聞出版社、二〇一七）。

しかし、政治から守られるべき軍には、やがて、軍事が政治に優位するという気分が満ちてゆく。軍事は、国の法秩序・社会秩序を超越し、外敵と時代風潮に即応して合理的に推進されるべきという認識がもたれていくのである。こうした認識は、軍のエリートが社会から隔絶された教育コースを経る近代的軍人教育制度が整備され、彼らが軍の要職を占めることになるにつれ、日本の軍の伝統であり、前提であるとさえ、意識されるようになる。東条も宣誓供述書でこうした認識を示している。

そして、制度創設の意図を逆転させた結果生まれたのが、統帥部と軍政との乖離という逆説であった。状況は、陸軍と海軍との間ではさらに甚だしかった。典型的な例は、首相としての東条が真珠湾攻撃の情報を知らされなかったことである。東条は、陸軍大臣として陸海の統帥部と省部が列席する大本営連絡会議に参加することで初めてその情報を入手したというのである。自然人としての東条が二つの役割を演じることでしか、日本の軍事史上最も重要といえる作戦の概要を知らされなかったというのは誠に異常であった。こうしたことが日中戦争勃発後から、しばしば起きていたのである。

また、広田弘毅内閣で復活した軍部大臣現役武官制にも同じことが言える。陸軍大臣の後継が、武官の大将・中将から、大臣・参謀総長・教育総監の三人の推薦で選ばれるこの慣行は、現役武官の人事は天皇大権の内統帥権に属していることを前提に、陸軍大臣を内閣の意思決定とは自律的に選ぶことを可能にするものであり、組閣を左右するものと考えられてきた。それが内閣の命運を握るがゆえに、軍部の台頭・政治化をゆるしたというのである。

しかし、一九三九年八月三〇日、阿部信行内閣が成立したとき、天皇は「陸相は梅津か畑」といい、実際に畑俊六が大臣に就任している。天皇の指名で陸軍大臣が誕生したのである。とすれば、この時陸軍は日本政治を支配するどころか陸軍大臣を自分で決めることすら出来なかった事になる。逆に、広田内閣組閣時は、いまだ現役武官制をとっていなかったにもかかわらず、陸軍は組閣に容喙《ようかい》した。つまり、現役武官制などなくとも、軍は政治的な影響力を発揮できたのである。一般に考えられているように、軍は一丸となって政治に対抗したわけではなく、軍の政治化のための道具と考えられてきた制度や慣例も、軍の政治化の主たる原因ではなかったというほかないだろう（筒井清忠『昭和十年代の陸軍と政治』岩波書店、二〇〇七）。

†東条にみる「軍の政治化」

では、一枚岩ではなく、万能な制度も有していなかった陸軍は、どのようにして政治化したのであろうか。まず重要なのは、特に満州事変以降の独断専行、五・一五や二・二六に代表されるテロやクーデターといった事例が「軍は暴走する」という認識を生んだことだろう。それは理性ある意思決定を行わねばならない政治家にとっては最大の脅威であった。

実は、東条は、この状況を最大限に活用した人物であった。一九四一年一〇月一二日に行われた御前会議で、近衛首相がアメリカ相手の戦争には自信がないと述べると、日米交渉打ち切りと開戦を主張する東条は、次のように述べたという。「我輩は今日まで軍人軍属を統督するのに苦労をして来た。世論も青年将校の指導もどうやればどうなるか位は知っている。下のものをおさえているので軍の意図するところは主張する。天皇の前でも主張する」(『杉山メモ』)。自らが苦労して統制してきたあの暴走する中堅層は、自分の一声でどうにでもなるのだと言わんばかりの恫喝であった。

そして、近衛首相は、こうした恫喝になすところを知らず、総辞職を決した。この時、あるいは生命の危険が伴ったかもしれないが、近衛が強力に軍の意向を抑える態度に出れば、内閣総辞職はあるいは必要なかったかもしれない。軍の政治化は、つまり、危機に直面した政治家が気概を喪失したことでも促進されたのである。

他方で、東条には、政治は軍事的合理性に従うべきだとする断固たる信念があった。東条が属した統制派が、第一次世界大戦以降に顕著となる「総力戦」認識、すなわち、軍事と政治の境目があいまいとなり、国力の総動員が必要となる状態を強く意識していたことはよく知られている。東条は、軍の意思や利害を政策として実現することが国家のためであると信じて疑わなかったのである。東条の果敢な言動は、こうした信念に支えられていた。一般に、果敢なリーダーとそれを支える人がいて、組織は動くとされる。昭和期の日本政治の構造構想は、見事にその逆だった訳である。

†日米交渉と東条

昭和十年代において、こうした陸軍の断固たる意思が国家全体のそれを左右した最大の事例の一つに、日米交渉の継続か断念かという問題がある。先述した東条の恫喝もまさにその問題をめぐってなされたものだった。

しかし、当たり前のことだが、誤った判断に基づく断固たる行動ほど厄介なものはない。では、この時東条が代弁した交渉断念という判断はどの程度合理的だったのだろうか。

よく知られているように、第二次近衛内閣は、日米開戦の危機が迫ると、ルーズベルト大統領との首脳会談まで構想し、最後まで、交渉による戦争回避を図っている。それに対し、アメリカは乗り気ではなかったこともしばしば指摘されている。

東条は、以下のような理由で近衛内閣の総辞職と交渉の打ち切りを迫ったと、宣誓供述書の中で回想している。すなわち、アメリカ側の一〇月二日の回答及び首脳会談拒否の態度から見て、「日米交渉に於て我要求を貫徹し得る目途ありや否やを断定し得る迄に交渉の手が十分に詰められていないこと」「海軍の開戦すべきや否やの決意は不確実であること」の二点である。

もっとも、東条は同時にアメリカとの再交渉も提案していたのだが、それは、天皇が戦争回避を心から望んでいることを知っていたからに過ぎなかった。

では、なぜ東条は交渉による平和の目途が立っていないと考えたのであろうか。宣誓供述書からは、東条が、のちにハル・ノートで述べられている三国同盟の解消や通商問題などの論点も重視していたことがうかがえる。しかし、最大の問題は、アメリカ側が提示した条件にあった中国大陸からの撤兵問題であった。これに対し、近衛や豊田貞次郎外相は、アメリカとの交渉においては撤兵を全面的に認める一方、日華基本条約に基づき、中国との交渉によってのちに新たなる駐兵を行う二面作戦を考えていた。

しかし、東条は違った。東条は、交渉が進むにつれ、アメリカの要求が「無条件撤兵であるという事」、言い換えれば「名実共に即時且完全撤兵」であることが明らかになっていると考えた。そして次のように自問した。「然らば仮りに米国の要求を鵜呑みにし、駐兵を放棄し、完全撤兵すれば如何なることになるか。」東条は答える。その結果、四年有余の日中戦争の「努力と犠牲とは空となる」だろうし、「日本が米国の弾圧に依り中国より無条件退却するとすれば、中国人の侮日思想は益々増長」するであろう、それは結局のところ「共産党の徹底抗日」と相まって、この戦争を終結させても「第二、第三の支那事変を繰り返すや必ずである」、そして、そうした事態が、満州や朝鮮にも波及したら、帝国の権威はアジア全体で失墜し、崩壊するだろう、と（以上、宣誓供述書より）。

こうした論理から分かるのは、結局、東条が日米交渉にめどが立たないとする理由は、アメリカあるいは英米の日本のアジア政策に対する非妥協的態度であったということである。東条の宣誓供述書の面白さの一つは、この点を英米の軍人や政治家の言動をもって明らかにしようとしている点にある。それらをいちいち取り上げる紙幅はないが、東条は、裁判で示された日米交渉の様々な資料をもとに、相手側が非妥協的態度をとっていたことに対する確信のようなものを持った感が強い。

もっとも、近衛声明が表明しているように、日本にとって、日中戦争の解決とは、領土拡張や賠償によってはもたらされない。それは、いわゆる「東亜新秩序」の確立によってのみ、もたらされる。しかし、その新秩序からは英米は排除され、アジア人のアジアが実現した際、そのリーダーは自然、日本となるだろう。アメリカにアジアにおけるそうした新秩序を認める気配がないとすれば、日本は、あるいは負けるかもしれないが、アメリカとの戦いを決断せざるを得ないところまで追いつめられているといってよい。東条は、そう考えたのだった。

†東条にとっての「政治」

首相就任後、東条は、天皇の意向に沿って御前会議での決定を白紙還元し、戦争回避に全力を尽くすが、以上の情勢認識は変わらず、追い込まれた心理も緩むことはなかった。懸命に戦争回避の道を模索したにもかかわらず、一二月一日、開戦やむなしと天皇に奏上した後、東条は自室で号泣したと伝えられる。天皇の平和への意思を実現できなかったからだと言われる。

しかし、少なくとも、開戦を決定した瞬間の日本の指導者に求められていたのは、天皇への忠誠心ではなく、組織利害を効果的に国家意思に反映させる技術でもなかった。彼には、異なる国との異なる利害を調整する大戦略と、そのための大きな政治力が求められていたのである。東条の撤兵後の日中関係あるいは日本のアジア政策崩壊という見立てには、歴史のイフではあるものの、筋が通っている面もあるし、また日米の国際秩序観の相克に対する指摘も鋭い。だが、開戦直前の東条の言動から、こうした大きな構想力や相克を乗り越える戦略を見出すことは困難である。

また、東条が、しばしば政治における「決断」の重要性を語っていることにも着目したい。日米交渉断念を躊躇する近衛に「人間たまには清水の舞台から目をつぶって飛び降りることも必要だ」とその優柔不断を詰問したエピソードはよく知られていよう（『失われし政治』）。政治家に勇断が必要な時があるという一般論は正しいだろうが、他方で、大臣職に付くことを初めて打診されたとき、東条は大臣が政治家や諸団体と付き合うことを「水商売」にたとえ、それを嫌ったというエピソードも重要であろう。結局、東条にとっての政治とは、あくまで上下関係や威嚇を背後に進められる軍隊式の意思決定・伝達方式に基づき、自らの意向や主張の貫徹をさせることを意味したようだ。逆に言えば、そこには、異なる利害関係や世界観を総合させ、新しい社会や世界を共に創造していくという観点が欠けていた。「決断」の重視とは、そうした豊かな政治観が欠如していたことの裏返しでもあったのではないだろうか。

ところで、開戦後の戦争指導者としての東条には、実は共感すべき、あるいは一定の評価を与えるべき点も少なくない。例えば、「戦うか戦わないか」ではなく、「勝つか負けるか」を問われる戦時中、東条は、一方で総理大臣の幕僚的な機構や官僚機構の縦割りを打破する総合官庁を創設し（内閣顧問会議、行政査察制度、軍需省・大東亜省など）、他方で内閣総理大臣の権限も強化した（戦時行政職権特例など）。すでに述べた参謀総長の兼摂も、多層的に分裂している軍の統制のためには合理的な措置であり、前述した多層的な分裂状況を是正しようとした行動でもあって、その意味での評価には値するものであろう（村井二〇〇八、第一章）。

さらに、東条は一九四三年になるとアジア諸国を飛び回る初の総理大臣となった（後藤一九九八）。それが一九四三年一一月の大東亜会議の伏線となっている。東条に請われて改造内閣の外相に就任した前述の重光は、確かにこの会議の構想や政治的意味に関しては重要な役割を果たしたが（拙稿「大東亜会議の意味」『昭和史講義2』）、中国を除き、一度もアジアを訪問しなかった。東条は、自ら戦場を飛び回り、アジアと日本の距離を縮めようと懸命に努力した人物だったのである。

だが、東条は、内閣と自らに巨大な権限を集める一方で、「国民の大多数は灰色」で、「指導者が白といえば、また右といえばその通りに付いてくる」「自分は政治家といわれることはだいきらいだ。自分は戦略家といわれるならばともかく、ちっとも政治家ではない。ただ、多年陸軍で体得した戦略方式をそのままやっているだけだ」と秘書に語っている（『東條内閣総理大臣機密記録』）。また、身を粉にしてアジアに接近する東条からは、「アジア解放」への情熱以上に、戦局が不利になる中での戦争協力の調達という意図が強烈に浮かび上がる（戸部前掲書『自壊の病理』）。やはり、東条政治の貧困さは明らかではないだろうか。

さらに東条は、恐怖や恫喝を活用するという手法の危険性に鈍感だった。板垣征四郎大臣の下で次官となった東条は、すぐさま関東軍時代の腹心であった加藤泊治郎を東京憲兵隊長に呼び寄せ、浅原健三元代議士の逮捕など、陰謀と言われる憲兵制度の政治利用を本格化し、戦時中には東条が出席する週一回の陸軍省での局長会議にも加藤を同席させたという。やはり関東軍時代の東条の腹心だった四方諒二も、一九四二年八月には東京憲兵隊長となり、加藤とともに東条を支えた。一九四四年の参謀長就任以降、東条批判が強まり、東条暗殺計画すら噂されるようになると、四方は東条倒閣運動に加わっていた国務大臣兼軍需次官の岸信介の下を訪れ、岸を恫喝したという（『岸信介の回想』）。大臣を脅迫する事すら躊躇しないほど、憲兵は政治に介入していたのである。東条は、しばしば批判された参謀総長兼摂についても、むしろ時期が

東京裁判で対照的な表情を見せる東条（上）と重光（朝日新聞、1948年11月12日付）

遅すぎたと少しも悪びれている風はない。東条は、権力がもつ魔力性そのものにそもそも鈍感だったのかもしれない。

†昭和期の政治の悲劇

ポツダム宣言を受諾する前後に東条は当時の心境を記した短い手記を遺しており（「『東條元首相手記』全公開」『歴史読本』二〇〇八）、また、戦犯として処刑される直前にもいくつかの遺書を残している（東條由布子二〇〇〇）。いずれも、あの戦争をめぐり、死を前にした東条が何を感じたかを語る一節を含んでおり、あの戦争の歴史に興味を持つ者の関心を引く。

しかし、そこから浮かび上がるのは、死を前にした印象的な東条のたたずまいと同時に、以上述べてきたような東条政治の限界でもある。東条は「統帥権の独立」の問題を日本政治の最大の問題と捉え、あの戦争はアメリカの非妥協的態度のせいでやむを得ず戦った自衛の戦争であり、アジア解放という日本の大義は正しかったと主張する。本講でしばしば参照してきた宣誓供述書の主張とも見事に一貫しているが、逆に言えば、「統帥権の独立」以外の重要な国内・国際問題への視点はやはり欠けているし、戦後アジアにおける共産主義の波及への警戒心はあっても、戦後のアジア建設を日本の次の世代に期待するような情熱も見られない。また、アメリカ兵と接することで日本の教育の欠点を指摘できる視点は持っていたことがうかがわれるが、それを民主政治がもつ奥行と広がりの中でとらえなおす視点もない。

しかし、こうした点は、昭和期の政治中枢そのものに欠如していたものであった。東条は、その意味では、昭和期の政治の貧困という悲劇を体現していた人物だったのである。

戦後七〇年を経た現在、東条を単なる独裁者と呼ぶことも、まったくの無能者とも無責任な指導者ということも、もはや許されない。また、昭和期には、現実のそれとは異なる未発の可能性が様々に存在していたことも分かっている。しかし、同時に、東条や彼に体現される日本政治の限界や欠陥も明らかだ。東条の再評価は、あの戦争における日本の責任を考える時と同様に、より大きな視野で、バランスをとりながら行われることが必要不可欠である。

さらに詳しく知るための参考文献

＊本講で参考にした参考文献の多くは、すでに戸部良一「東条英機――ヴィジョンなき戦争指導者」(『昭和史講義3』ちくま新書、二〇一七)の末尾に掲載されている。以下には、政治家・軍人の回想録のた

ぐいは除き、東条関連の文献で戸部論文の末尾に掲載されていないもののみ、記しておく。

東京裁判研究会『天皇に責任なし責任は我に在り　東條英機宣誓供述書』（洋洋社、一九四八）……東条の宣誓供述書を復刻した本。現在は、渡部昇一『東條英機　歴史の証言——東京裁判宣誓供述書を読みとく』（祥伝社黄金文庫、二〇一〇）でも読める。

東條由布子『祖父東條英機「一切語るなかれ」』（増補改訂版、文春文庫、二〇〇〇）……獄中の様子や家族の視点を知ることができる。東条の遺書も収録されている。

「「東條元首相手記」全公開！」（『歴史読本』五三号、二〇〇八年一二月）……東条が秘書として信頼を寄せていた赤松大佐へ残した手記。国立公文書館所蔵。

後藤乾一「東条首相と『南方共栄圏』」（小林英夫・ピーター・ドウス編『帝国という幻想——「大東亜共栄圏」の思想と現実』青木書店、一九九八）……東条と大東亜共栄圏の関わりを手堅く論じている。

村井哲也『戦後政治体制の起源——吉田茂の「官邸主導」』（藤原書店、二〇〇八）……第一章で明治憲法体制の問題点と戦時期における官僚機構再編に触れている。東条論を考えるうえでも示唆的である。

第2講

梅津美治郎――「後始末」に尽力した陸軍大将

庄司潤一郎

†生い立ち

梅津美治郎《うめづよしじろう》は、陸軍大学校を首席で卒業するなど頭脳明晰な陸軍のエリート軍人であり、陸軍次官、関東軍司令官、最後の参謀総長などの要職を務めた。

しかし、東条英機や石原莞爾といった軍人とは対照的に、梅津の名はほとんど知られていない。それは、日記や手記を残さなかったことにも起因しており、したがって評伝の類もあまり書かれていない。さらに、自分の私宅すら建てたことがなかった。まさに、軍人としての道を純粋に歩んだとも言えよう。

一方、参謀総長に就任した時、長男の美一に、「自分はいつも後始末ばかりやらされた」と漏らした。そこで、本稿では、その「後始末」に焦点を当てて、梅津の一生を追ってみたい。

梅津は、一八八二（明治一五）年一月四日、福沢諭吉と同じ大分県下毛郡中津町（現在の中津市）に生まれた。まさに、軍人勅諭が発布された日である。名前の読みは本来「はるじろう」であったが、ヨーロッパ出張に際して「よしじろう」に変えた（清原二〇〇八）。

一九〇〇年七月熊本幼年学校を卒業（第一期生）、成績は抜群で、教育総監から優秀生徒として賞品が贈られている。その後、東京の中央幼年学校を経て、〇二年一二月陸軍士官学校に第一五期生として入校した。陸士卒業後、歩兵少尉に任官、歩兵第一連隊付（東京・麻布）となった。

〇四年二月日露戦争が勃発、梅津は歩兵第一連隊の小隊長として出征した。第三軍の隷下として旅順攻略戦で足を負傷（軽傷）、奉天会戦にも参加、終戦後の〇六年一月無事凱旋した。戦功が認められ、少尉にしては破格の功五級金鵄勲章を授与され、中尉に昇進した。

一一年一一月、陸軍大学校を首席（恩賜の軍刀授与）で卒業（第二三期生）、卒業式に臨席された明治天皇に、日露戦争の得利寺付近の戦闘について御前講義を行った。

一三（大正二）年四月、軍事研究のためドイツに派遣され、以後一時帰国を除きほぼ八年間、デンマーク駐在、スイス公使館付武官としてヨーロッパに赴任、現地において第一次世界大戦を観察、総力戦の実相やヨーロッパの合理的精神を学び、梅津に大きな影響を及ぼした。

二一年二月スイスから帰国、参謀本部部員、中佐に昇進、陸軍省軍務局軍事課高級課員を務めた。陸軍大学校の教官を兼務したが、講義において軍部大臣文官制の是非について学生に議論させるなど、合理主義的な思考を重んじていた。

二四年一二月大佐に昇進、歩兵第三連隊長（東京）になった。その後、参謀本部第一課長（編制動員）、陸軍省軍務局軍事課長と中枢を歩み、三〇（昭和五）年八月陸軍少将に昇進、歩兵第一旅団長（東京）となった。しかし、当時横行していた「昭和軍閥」、すなわち二葉会、木曜会、一夕会、桜会などの陸軍中堅将校による国家改造を目指したグループには一切関わらず、一線を画していた。梅津は終始一貫して無派閥・中立であり、「軍人は政治に関与すべからず」の信念を貫く自己抑制の姿勢を堅持していたのである。

梅津美治郎（1882-1949）

激動の三〇年代へ

一九三一年八月、参謀本部総務部長に転じたが、同年九月満州事変が勃発した。梅津は、不拡大方針を堅持すべきと主張したが、結果的に陸軍中央は関東軍の独走を追認することになった。

一方、陸軍中央では、永田鉄山、東条ら「統制派」と小畑敏四郎ら「皇道派」の対立が深まっていったが、梅津はいずれにも与せず中立の立場に終始したため、「優柔不断、影が薄い」といった酷評をされることもあった。そのため部内調整に消極的との理由で、参謀本部付に更迭された(清原二〇〇八)。

三四年三月、梅津は支那駐屯軍司令官に就任、八月には陸軍中将に昇進した。梅津は、軍司令官として、時局は重大であり日中間に決して紛争を起こしてはならず、一方皇軍の威信は守るべきとの訓示を行った。また、「馬鹿だと言われた方が、中国に対し事を構えるよりは好むところである」とも話していた(上法一九七六)。

しかし、天津の日本租界内で親日派の二人の中国人新聞社社長が暗殺されるなど事件の頻発を受けて、三五年六月北平軍事委員会分会委員長の何応欽との間で梅津・何応欽協定が締結された。梅津の名を冠しており、一躍その名を知られたが、実際には梅津が留守中に、支那駐屯軍参謀長の酒井隆が独断で突きつけた要求に基づいていた。中央軍等中国側全ての機関の河北省からの撤退、排日・抗日の禁止など強硬な内容で、北支分離工作の第一歩となったとされる。事後報告を受けた梅津や陸軍中央は、戸惑ったものの追認した。同協定は、中国側のナショナリズムを高揚させ、抗日運動は激化の一途を辿り、日中戦争へと連なった。梅津はのちに、「あの協定は一生の失策であった」と漏らしたと言われる(清原二〇〇八)。

三五年八月、梅津は第二師団長(仙台)となり、内地に帰還した。翌三六年二月、二・二六事件が起こり、勃発当初陸軍中央は、反乱軍の取扱いをめぐって混乱し、鎮圧を躊躇していた。

梅津は、陸軍三長官に対して、「大義名分を説いて反乱行為を速やかに鎮圧すべし　第二師団はいつでも発動の態勢にあり」と、明確な方針を打電した。特に、即時鎮圧を要求する天皇の意向に反し陸軍が対応を逡巡している中、傑出した対応であった。ちなみに、一七人の師団長の内、反乱軍鎮圧の明確な態度を表明したのは、梅津と第六師団長（熊本）の谷寿夫中将の二人のみで、ほかの一五人の師団長は事態の推移を静観していたのである。

†粛軍――第一の「後始末」

二・二六事件の処理のため、陸軍では人事異動が行われ、陸軍次官には梅津が選ばれた。梅津が次官として行ったことの第一は、二・二六事件の事後処理であった。反乱に関係した将官は現役引退もしくは更迭され、東京軍法会議を特設して青年将校等に対する裁判がなされた。ちなみに、関係者処刑の日、梅津は責任者として一日ひっそりと黙想し、弔意を表していた。父は「一言で云えばセンチメンタリズムのない現実主義者、合理主義者」であったが、この瞬間センチメンタリズムのかけらがほのかに見えたと、長男は回想している（上法一九七六）。

第二に、陸軍の粛正である。新思想や政治的関心に関与せず、下剋上を排し軍紀を徹底させることによる軍の団結を、全軍で徹底するよう指示した。また、軍部大臣現役武官制を復活させた。予備役の将官、特に荒木貞夫や真崎甚三郎などの「皇道派」の長老が復活するのを防止するためであった（これが却って軍部が内閣の存立をも左右しかねないという弊害をもたらしたと言われている点に関しては、第1講参照）。

一方、緊迫化する北支の情勢を受けて、一九三六年五月、支那駐屯軍は五〇〇〇名に増強された。その配置について、参謀本部はその一部兵力の通州駐屯を主張したが、元支那駐屯軍司令官として精通している梅津は、議定書の趣旨を尊重し通州に反対したため、かつてイギリス軍が駐屯した豊台に一大隊を置くことになった。しかし、結果的に、豊台への駐兵が盧溝橋事件の直接的契機となった。皮肉にも、梅津の合理主義が、逆に日中戦争を導いたのであった。

三七年七月に盧溝橋事件が勃発した。事件への対応をめぐって、梅津は参謀本部第一部長であった石原と激論を交わした。石原の北支撤退論や蔣介石との直談判案に対して、梅津は邦人保護、財産・権益の保護、及び満州国の安全をはじめとする全般の政治的影響の面において現実的ではないと反論したが、それは、石原の「天才的頭脳」、「肺肝をえぐる気概」と梅津の「慎重堅実なる実行家」、「肺肝をえぐる冷徹」との対決と評された。満州事変当時は、梅津が参謀本部総務部長として、石原の独走に煮え湯を飲まされただけに、興味深いやりとりである。一方、事変が拡大に向いつつある中、石原のような思い切った策が必要ではなかったかといった批判もある。

その後日中戦争は拡大の一途を辿り、三七年一二月国民政府の首都・南京が陥落するに至る。

トラウトマン和平工作も並行して行われていたため、和戦をめぐっては議論がなされたが、三八年新年、梅津次官と柴山兼四郎軍務課長が、新政権の調整などのため、北支に出張することになった。

梅津らが出張中、一月一一日御前会議が開かれ、「支那事変処理根本方針」を決定、さらに一五日の連絡会議においては、参謀本部と政府の意見が対立、参謀本部が妥協して和平工作は打ち切りとなった。翌一六日には、近衛内閣により「対手トセス」声明が発せられた。この日の夕方、梅津らは福岡に帰還、同声明を知り、驚愕したのであった。梅津や柴山課長がいたらここまで紛糾せず、何らか別の方策が見出されていたのではとも指摘されている。まさに、梅津・何応欽協定を髣髴とさせるものであった。

†ノモンハン事件の処理——第二の「後始末」

一九三八年五月、梅津は北支方面を統括する第一軍司令官(山西省石家荘)に任命された。徐州会戦直後で、その後八月中旬より漢口攻略作戦に策応して牽制作戦を実施した。その後は、専ら全山西省の共産軍に対する掃討作戦を実施、これにより、山西省全体の治安は安定した。同軍の参謀長であった飯田祥二郎少将は、梅津を「理想的な戦場の将軍であり、真に見上げた超人的存在であった」と称賛している(上法一九七六)。

三九年八月、阿部信行陸軍大将に後継首班としての大命が下った。その際天皇は、陸相は梅津か畑俊六にするよう条件をつけたが、これまで陸相は三長官の協議で決めるのが慣例であり極めて異例であった。梅津は前線に赴任していることもあり、最終的に畑に決まったが、二・二六事件に対する断固たる対応とその後の次官としての粛軍は、天皇に高く評価されていたのである。

ちなみに、梅津は日頃から、「軍人は政治に関与すべからず」の信念から、「軍人は、大将をもって最高の栄位とすべきであり、首相ではない」と言っていた（矢次一夫『昭和動乱私史 上』）。

ノモンハン事件の敗北により関東軍の首脳は更迭され、三九年九月梅津は関東軍司令官に着任した。関東軍司令官は、原則的には皇族を除く現役陸軍大将の中で最古参が任命されていたが、梅津は中将で、異例の大抜擢であった。ソ連と事を構えず、思慮周密にして功名心に走らず、幕僚の言いなりにならない確固たる自己の信念を有するという人選の条件に梅津が合致したためであった。翌四〇年八月、梅津は陸士一五期のトップを切って陸軍大将に昇任した。

梅津は、関東軍の再建と戦備の充実に尽力するとともに、日ソ紛争の再発防止を最重要の方針として、幕僚の独断行為を厳禁するとともに、国境紛争が起きないよう国境沿いに緩衝地帯を設け、斥候巡察以外は立ち入らないよう指示した。万一紛争が惹起した場合は、司令官以下各級の指揮官は直ちに現地に急行、ボヤで消し止めるよう、全軍に徹底した。そのため、梅津

関東軍司令官当時の参謀演習。一番左が梅津（梅津美治郎刊行会・上法編 1976 より）

が関東軍司令官在任中、一度も国境紛争は起こらなかった。

四一年六月独ソ戦が勃発する。梅津は、今直ちに日本が対ソ開戦することは、独ソ戦は長期化するため得策ではなく、また日ソ中立条約に違反し大義名分に反するとの理由で反対であった。参謀本部は、準備を整え条件が有利になった場合武力を行使して北方問題を解決するとの方針を決め、その一環として、七月から実施されたのが、「関東軍特種演習」（関特演）である。満州に陸軍史上最大の約五〇万人の動員が行われ、関東軍の総兵力は、約三五万から八五万へと倍以上に増強された。

太平洋戦争が四一年一二月開始され、緒戦の勝利に国民は歓喜していたが、梅津は、北方問題重視の観点と、国力や戦争遂行能力の比較から勝目がないとの理由で、日米開戦には反対であった。四二年六月、ミッドウェー海戦の敗北を知った梅津は、「この戦争はもう駄目だ。日本帝国は敗戦の道をたどらねばならない」と漏らし（上法一九七六）、早々に敗戦を見通していたのである。

「関特演」を経て関東軍の戦備は高潮期を迎えたが、戦局が悪化するに伴い、関東軍の兵力の南方への抽出が開始された。梅津は、「自分としては異存はない。喜んで協力する。対米英戦で日本の足許がしっかりしている以上、北方対ソ関係は大丈夫だと考えている」と応じた。四四年夏までに、在満一七個師団の内一〇個師団が南方に送られ、梅津が築き上げた関東軍は、弱体化の一途を辿ったのである。

四四年七月、サイパン島の陥落を受け東条内閣が総辞職に追い込まれ、東条が兼務していた参謀総長に、天皇の意向を受けて梅津が就くことになる。梅津自身は反対で、側近に「自分はこの対米英戦争には最初から反対の意見であったから、この任命を受けたくない。もはや状況を好転させるべき参謀総長としてのなす術もないのだから、何とかして辞退することはできまいか」と相談している。さらに、満州国を離れる際、「この戦争は、なるべく早く外交的その他の手段をとって速やかに終息にもっていかなければならない。その方向で努力するつもりだ」と語っており、この時期から早期終戦の意図を抱いていたのである（上法一九七六）。

†終戦への道程――第三の「後始末」

参謀総長として、フィリピン方面における「捷《しょう》一号作戦」など戦争末期の連合軍の反攻に対する作戦を指導したが、戦局を挽回することはできず、さらに、一九四五年三月硫黄島守備隊全滅、翌四月には米軍は沖縄本島に上陸(六月守備隊全滅)するにいたる。五月には、ドイツが無条件降伏した。

四五年四月、小磯国昭内閣は総辞職し、鈴木貫太郎海軍大将に大命が降下した。新内閣の陸相には阿南惟幾陸軍大将が任命された。梅津と阿南は、ともに大分県(加えて豊田副武軍令部総長も)、歩兵第一連隊出身で、梅津は三期先輩であり、阿南は梅津を兄のように慕っており、「相互に畏敬しかつ信頼する、優れたコンビ」(松谷誠)であった。

鈴木内閣成立後の五月、ドイツ降伏後のソ連への対応(参戦防止、和平仲介)を議論するため、連日のように最高戦争指導会議が開かれた。その席上、本土決戦を主張する梅津、阿南と、勝算を疑問視する東郷茂徳外相、米内光政海相との間で激論となった。

六月上旬、梅津は、大連に出張、帰朝後の九日、「在満支兵力は合わせても二四個師団分で、その戦力はかつての精鋭部隊に換算すればわずか八個師団分に過ぎず、さらに弾薬保有量は、近代式の会戦であれば一回分にも満たない」と悲観的な上奏を天皇に行った。これに対して天皇は、「内地の部隊は在満支部隊より遥かに装備が劣るから、戦にならぬではないか」と厳しく問い詰めた。また、「梅津がこんな弱音を吐くことは初めてであった」と驚愕した(『昭和天皇独白録』)。

この上奏は全く書き物にもせず、部下にも知らせずなされたが、中国大陸における日本軍の危機的状況を天皇に上奏することにより、婉曲的には本土決戦は不可能であると伝えることを意図したのではないだろうか。松平康昌内大臣秘書官長は、「梅津ハ従来ト変ツタコトヲ奏上シテ、御上ニ助ケ船ヲ出シテ戴キ度考カモシレヌ」と述べていたのである(『高木惣吉　日記と情報　下』)。

梅津は、徹底抗戦を主張しながら、早くから戦争終結を模索していたのであった。なぜ終戦を予期しているのに強硬な戦争継続論を主張したのかとの長男の問いに、梅津は、「バカ、いやしくも全日本陸軍の作戦の総責任者として、もう戦争は出来ません、などという無責任な発言が出来ると思うか」と一笑に付したと言われる(上法一九七六)。終戦を覚悟したうえで、いかにスムーズに終戦を迎えるかを慎重に熟慮していたのである。

いずれにせよ、梅津の上奏を契機に、方針転換がなされていくことになる。天皇は、六月二〇日東郷外相に戦争の早期終結を指示、二二日には、天皇の発意により開催された最高戦争指導会議構成員会議において徹底抗戦から早期講和へと転換するよう促した。

七月二六日ポツダム宣言が公表され、八月六・九日広島と長崎に原爆投下、八日にはソ連の対日宣戦布告が行われた。こうした状況を受けて、九日宮中で最高戦争指導会議構成員会議が開催され、戦争の最終的勝利の見込みや受諾の条件をめぐって、梅津、阿南と東郷の間で議論がなされたが、平行線をたどった。梅津は、本土に米軍を上陸させないだけの成算があるのかとの東郷外相の問いに、「戦争だから必ず本土上陸を阻止できるとは限らないが、うまく行けば撃退も可能である。何割かは上陸してくるであろうが、それでも敵に大損害を与えることはできる」と答えていた。

最終的に「聖断」によりポツダム宣言を受諾することが決定したが、その際天皇は理由として、「本土決戦本土決戦と云ふけれど、一番大事な九十九里浜の防備も出来て居らず、又決戦師団の武装すら不十分にて、之が充実は九月中旬以後となると云ふ。いつも計画と実行とは伴はない」と述べた。参謀本部に戻った梅津は、「既に相当前から軍の作戦成果について御期待がなくなっており、軍に対する御信頼が全く失われたのだ」と敷衍した。本土決戦をめぐって初めて明瞭に示された天皇の陸軍に対する不信感は、天皇がポツダム宣言を受諾する一因となり、一方陸軍に戦争を継続させることを断念させるのに、軍事的理由以上に大きな効果をもたらした。

八月一四日には、陸軍の中堅将校が決起を強く阿南に訴え、阿南は梅津を訪問したが、梅津は、「既に大命は下った。これを犯してクーデターをやる軍隊は不忠の軍隊である。今は御聖断に従うのみ。正々堂々と降伏しよう。これが軍の最後の勤めであろう」と断じたため、決起

ミズーリ号上で降伏文書に署名する梅津参謀総長（『別冊歴史読本　特別増刊　太平洋戦争総決算』新人物往来社、1994より）

計画は崩れ去ったのであった。

同日午後、梅津は参謀本部で、将校全員を前に、「今や御聖断に従って粛々と行動することが皇軍の名誉と民族の存続につながることになる。決して軽挙妄動することのないように」と涙を浮かべながら訓辞を行った。

†おわりに

降伏文書の調印が、一九四五年九月二日、戦艦ミズーリ号上で行われることになった。連合軍は、天皇及び政府の代表と軍代表の二名を全権代表に求めたが、皆敬遠して人選は難航した。参謀総長の梅津も候補になったが、梅津は、自分は降伏に反対したので不適当であり、行けということは自分に自殺を強要するものだとまで言った。しかし、東久邇宮稔彦《ひがしくにのみやなるひこ》首相は、天皇の意向も受けて、政府代表に重光葵外相、軍代表に梅津参謀総長を決定した。重光は、梅津と同じ大分県出身であった。

調印式前日の九月一日、重光と梅津は、天皇に各別に召されて、梅津に対しては、「愉快ならざる大任のため心中の苦衷は察するが、已むを得ず、国の将来の第一歩につき、任務終了後も将来にわたり助力を願う旨の御言葉」があった（『昭和天皇実録』）。梅津の先の発言を心配してのことであった。

九月一三日、日中戦争以来七年一〇カ月続いた大本営は廃止され、梅津は、「大本営復員の辞」を述べ、「冀くは全軍、大命下自重自愛粛々として戈を戢《おさ》め軍を旋されんことを」と訓辞した。

一〇月一五日、参謀本部の解散式が行われた。西南戦争後の一八七八年一二月、山県有朋を初代本部長に設置された参謀本部の約七〇年の歴史は幕を閉じ、梅津は「最後の参謀総長」となったのであった。梅津参謀総長の下で、全陸軍部隊の停戦及び武装解除は粛々と実行されたのであった。

その後、梅津は自宅で平穏な日々を送っていたが、ソ連の検察団の強い要求で、突如四六年四月A級戦犯として指名・逮捕され、巣鴨拘置所に収監された。法廷では、米国人弁護士のべン・B・ブレークニー少佐に一任して、梅津は自ら証人台に立つことはなかった。梅津と同じ日に巣鴨に収監された重光は、梅津について、「梅津は最後まで御奉公した。軍人としては最も戦犯に縁の遠い人である。梅津を重用していたならば、軍の統制は出来、或は戦争に至らなかったかも知れぬ」と記している(『巣鴨日記』)。

四八年一一月、全被告に判決が言い渡され、梅津は終身禁固の刑であった。開廷中から直腸がんで体調を崩したため、梅津は判決を病床で聞いたが、それから二カ月後の四九年一月、逝去した。享年六七歳であった。

死の直前、娘の美代子に勧められて、カトリックの洗礼を受けたが、梅津は聖書の「地上の裁きは決して正しくない。神が裁いてくれる」との一節に感銘を受けたと言われる。東京裁判への疑念を感じていたのであろうか。

死後、病床から「幽窓無暦日」と書いた紙片が発見された。梅津は、「敗軍の将、兵を語らず」通り、一切何も語らず、遺書さえも残すことなく、無念の思いで亡くなったのであった。

梅津に対しては、政治的野心がある、事務官僚、冷徹で不可解といった批判があるが、二・二六事件、ノモンハン事件、終戦という陸軍そして日本にとり一大転機という時期に、陸軍次官、関東軍司令官、参謀総長として、「後始末」を無難に行い、難局を乗り越えた点は否定できない。特に、転換点となった満州帰朝後の上奏、そして最後のクーデターに対する断固たる姿勢など、梅津の存在なくして終戦はなし得なかったと言っても過言ではない。逆に、要職にありながら梅津抜きでなされた、梅津・何応欽協定及び「対手トセス」声明は、日本を破局に導く一因となったのである。まさに皮肉であろう。

こういった「後始末」を通して梅津を厚く信頼していた天皇は、「自分だけ死ぬことは、簡単だが、梅津よ、生きていて後始末をしてくれ、総てのことを知っている者が居ないと困る」と語ったと言われている（蜂谷二〇〇五）。

さらに詳しく知るための参考文献

梅津美治郎刊行会・上法快男編『最後の参謀総長　梅津美治郎』（芙蓉書房、一九七六）……関係者の証言、談話、手記などを基に、伝記スタイルで編集した七〇〇ページ近い大著。著者の上法快男は、元陸軍主計少佐で、梅津の下で二度勤務した経験がある。「梅津大将追悼会の記（昭和四四・一・一八）」が収録されている。

清原芳治『参謀総長梅津美治郎と戦争の時代』（大分合同新聞社、二〇〇八）……『大分合同新聞』のジャーナリストによって書かれた伝記。梅津の地元の出版ではあるが、梅津に肩入れするのではなく、バランスのとれた記述がなされている。

蜂谷昌彦『語らずの将軍——梅津美治郎』（新風舎、二〇〇五）……梅津と同郷の中津出身、熊本幼年学校で終戦を迎えた著者による伝記。河島幸「梅津美治郎伯父の思い出」が収録されている。

柴田紳一「参謀総長梅津美治郎と終戦」『國學院大學日本文化研究所紀要』第八九輯（二〇〇二年三月）

……梅津と終戦との関連について、参謀総長就任の経緯に遡り、特に、昭和天皇との関係に言及しつつ分析している。

山本智之『主戦か講和か——帝国陸軍の秘密終戦工作』(新潮社、二〇一三)……陸軍中央を、主戦派、早期和平派、及び中間派に分類して、戦争終結にいたった軌跡を分析している。梅津は、中間派とされる。

第3講

阿南惟幾——「徳義即戦力」を貫いた武将

波多野澄雄

陸軍中枢への歩み

鈴木貫太郎内閣の陸軍大臣、阿南惟幾《あなみこれちか》陸軍大将は、一九四五年八月一四日、昭和天皇の「聖断」によって終戦を最終的に決定したとき、割腹自決した将軍として知られている。「一死以テ、大罪ヲ謝シ奉ル」との簡潔な遺書は、旧軍人だけではなく、戦争を知る多くの日本人の胸奥に刻まれている。

阿南は一八八七（明治二〇）年二月、東京牛込に生まれたが、故郷は父尚《ひさし》の出身地である大分県竹田であった。父は故郷で内務省の地方官（巡査）を拝命したのを皮切りに、各地を転々とし、阿南が広島の地方幼年学校（四期）に入学したときは徳島県の書記官であった。広島幼年学校の五〇名の同期生からは、阿南を含め岡部直三郎、山下奉文、山脇正隆の四人の大将を輩出し、陸軍教育史でも突出して粒ぞろいであった。四人はそろって東京の中央幼年学校、陸軍士官学校（陸士一八期）と進学する。とくに、のちに陸相を競うことになる山下とは親しい仲であった。阿南は学業に優れた生徒というわけではなかったが、早朝の剣道と弓道を欠かさず、少年らしい天真爛漫な振舞いで人気者であったという。

日露戦争直後の一九〇五年一一月、士官学校を卒業し、翌年歩兵第一連隊付の歩兵少尉に任官。〇八年には中尉に進級し、一〇年に中央幼年学校付の生徒監となった。陸軍大学校の受験準備が実質的な仕事であったが、一五（大正四）年の四回目の試験でようやく合格した。陸軍大学校の同期には、陸大創設以来の俊英といわれた石原莞爾（陸士二一期）が目立つ存在であった。歯に衣を着せない物言いの石原と、物静かで礼節をわきまえた阿南とは対照的な性格で、格別親しくはなかったが、互いの長所を認め合う仲ではあった。

一八年に陸大を卒業した阿南は参謀本部付となり、二六年まで参謀本部に勤務する。二三年、サガレン派遣軍参謀として北樺太にわたり、二五年に復員すると再び参謀本部部員に復帰。二七（昭和二）年、フランスに出張し、翌年帰国して歩兵第四五連隊留守部隊長となる。二九年八月から二年間、侍従武官として昭和天皇に仕えた。近衛歩兵第二連隊長から三四年八月、東京陸軍幼年学校長となる。幼年学校長としての阿南は、多くの訓話を行っているが、軍人精神の涵養を説くものが多かった。その翌年、陸軍少将に進級した。将官となるための関門である将官演習では、あまり良い成績ではなかった。現地戦術、戦略問題の討議といった試験は陸大入学試験と同じく苦手であった。

二・二六事件後の三六年八月、阿南は粛軍体制の推進のため新設された兵務局の局長、翌年には人事局長となり、約二年間を陸軍中枢の人事に携わることになる。阿南は派閥対立から超然とし、公平無私の姿勢が買われ、黙々と与えられた役割を果たした。兵務局長としては、いわゆる粛軍人事によって皇道派系の多くの将軍が一掃され、予備役に編入されたが、その後始末にあたった。三七年一月には組閣の大命を受けた宇垣一成大将が、陸軍の強い反対で大命を拝辞（辞退）するという事件が起こる。阿南は立場上、公言することはなかったが、陸軍の政治介入の一種として組閣の阻止には批判的であった。人事局長に着任からまもなく日中戦争が勃発し、将校不足の解消に力を尽くすことになる。

阿南惟幾（1887-1945）

中国戦線から次官へ

三八年一一月、第一〇九師団長として待望の野戦軍の指揮官となる。第一〇九師団は、日中戦争勃発後まもなく金沢で編制され、後備兵を中心とした特設師団であった。特設師団は装備が劣悪で、兵員は老兵が中心であったが、人事局長という地位から「お手盛り」と見なされることを避けるため、自ら申し出たものであった。阿南が着任したときの同師団は、山西省太原を攻略して同地に司令部をおき、神出鬼没の共産軍を相手に苦戦を続けていた。阿南が力を注いだ作戦は五月下旬からの山西軍主力殲滅戦であった。この殲滅戦は、のちに参謀本部で部内印刷された殲滅戦例でも取り上げられたように、兵力不足のなかで包囲作戦を成功させ、敵の主力を壊滅させた。二〇〇〇名以上にのぼった捕虜に対する待遇は、特筆すべき寛大なものであった。

三九年一〇月、阿南は畑俊六陸相のもとで陸軍次官として中央に呼び戻される。ノモンハン事件の後始末、汪兆銘政権の樹立問題、仏印進駐問題、三国同盟問題など重要案件が山積していた。同時期に参謀次長として就任したのが沢田茂中将であった。沢田と阿南は、幼年学校以来の同期生で親友であった。前任の多田駿次長と東条英機次官の時期には、これらの問題をめぐって深刻な亀裂が参謀本部と陸軍省の間に生まれていた。そこで阿南と沢田は「人の和」を保つことを申し合わせた、という。

畑によれば、阿南による政治的意見の具申は一度もなく、政治のことは軍務局長の武藤章に一任していた。その武藤の枢軸同盟論の筋書きに乗って、阿南は米内内閣打倒の片棒を担がされ、畑を単独辞職に追い込んだ、とされる。だが、四〇年春に始るドイツのヨーロッパ席巻、それに呼応した国内新体制運動という内外環境の大きな変化が、枢軸提携に消極的な米内に代わる新政権——近衛内閣を求めていた、ということであろう。阿南は、次期陸相の有力候補と見なされていたが、畑の辞任とともに辞表を提出した。畑や陸軍省幹部による説得、東条新陸相の要請によってやっと次官の地位にとどまったものの、東条体制のもとでは「居心地」は良くはなく、四一年四月、第一一軍司令官として再び中国戦線に赴いた。

†漢口からセレベスへ——阿南陸相待望論の背景

漢口に着任した阿南は、一二月の日米開戦をはさんで二つの長沙作戦を指揮した。九月に予定された第一次長沙作戦の目的は、長沙の攻略によって中国軍の戦意を喪失させ、日中戦争を解決に導くというものであった。しかし、参謀本部は、南部仏印進駐以後、南方作戦の準備を優先し、作戦自体は認めたが、できるだけ早期に作戦を切り上げることを要求した。作戦は優勢な中国軍に圧倒されながら、阿南の果敢で柔軟な指揮によって、ようやく長沙を確保したが、占領は許されなかった。そのため、中国側の戦意を挫くという効果はなく、むしろ日本軍を撃退した「勝利」として宣伝される。

第二次作戦は、第二三軍による香港攻略を支援するための牽制が目的であった。一二月下旬、敵軍が長沙方面に退却中との報告を受けた阿南は、支那派遣軍総司令官の指示をまたずに独断で第三師団の長沙への進撃を命じた。激戦の末、四一年一月初旬、長沙に突入した第一一軍は、牽制目的を達成したと判断して漢口に撤収した。阿南の「陣中日誌」は「独断長沙進攻の非難はあらんも、牽制価値大なりしに満足す」と記すが、この作戦も日本軍の進攻を撃退した「勝利」として、中国側の宣伝材料に使われることになる。

四二年七月、阿南は、チチハルに拠点をおく第二方面軍司令官に転補となった。第二方面軍は、対ソ戦に備え北満の警備を固めることを目的としていた。チチハルに着任した阿南は、とくに航空戦力の充実に力を入れるが、南方の戦局悪化にともない、四三年一〇月、第二方面軍は赤道下のメナドに移駐することになった。大将に進級していた阿南も、第二方面軍司令官のまま、極秘裏に東京経由でダバオにむかった。方面軍司令部は、ダバオ、メナド、中部セレベス島のシンカンへと移転した。

中部セレベス周辺の戦局が日に日に逼迫するなか、阿南はモロタイの敵飛行場の奪回をねらって苦闘する。阿南の「豪北日誌」にはその様子が細かに書かれているが、四四年後半になると本土からの情報も増える。とくに、東条内閣の総辞職が明らかとなり、次期陸相として阿南を待望する声があがったとき、こう記している。「予を陸相に擬するもの多きも、重要作戦任務を拝命して任を尽さず。豈《あに》何ぞ甘受し得んや。勿論其の器にあらざるを自ら識《し》る」

結局、小磯新内閣の陸相は教育総監であった杉山元に落ち着くが、四四年秋になると再び阿南待望論が持ち上がる。例えば、四四年初頭、ダバオの阿南を訪問していた三笠宮崇仁《たかひと》親王は、「阿南は人格高潔、部下は心服し、海軍との関係もよい。阿南が南方第一線を指揮することは、もっとも必要であるが、陸軍大臣として活動してもらうことは、それ以上必要である」と、東久邇宮と進言している（「東久邇宮日誌」）。

阿南陸相待望論は、畑陸相の頃から陸軍内外に広がっていくが、戦局が悪化するにつれその声は大きくなっていった。その背景は、将官として理論や戦理よりも、「精神主義」を一貫して唱えていたことと無関係ではない。

たとえば、第一〇九師団長時代の「従軍日誌」（一九三九年六月）には、「武士道の頽廃と、利己的自由主義の残影を戒む」とし、作戦指導についても「陸大の理論教育の弊」を嘆き、「陸士、陸大の鍛練的精神教育の要大なり」と提言している。第一一軍司令官時代の「陣中日誌」（四二年一月）には、「徳義は戦力なり」と題し、「軍の大小を論ぜず、情況判断が他隊と関連せる場合は必ず徳義に立脚し、武士道的用兵に終始すべく、是れ皇軍たる所以なり」と記されている。「徳義即戦力」という独特の統率哲学は、苦境にあるほど情の通った統率を貫くことで士気を維持するという姿勢を意味した。阿南陸相待望論は、こうした阿南の精神主義が、戦理や理論を超え、不利に傾く戦局の打開にとって不可欠な価値として陸軍内に広く認識されていたことを物語っていよう。

†阿南陸相の誕生

四四年一二月末、阿南は航空総監（兼陸軍航空総司令官）に任命され、翌年一月初旬に着任した。参謀本部は航空特攻を重視し、沖縄作戦をまじかに控え、特攻を志願する兵をもって正式部隊を編制しようとした。しかし阿南は、自発的志願とはいえ、死を任務遂行の唯一の手段とする部隊の編制は統帥の道に反し、皇軍の冒瀆であるとして反対した。航空総軍の総員はすでに「特攻の精神をもって統率している」のであり、改めて特攻部隊を編制する必要はなかった。四五年に入り、戦争の天王山はフィリピンから沖縄に移りつつあった。残存の航空戦力を挙げて沖縄に投入して痛烈な一撃を与え、終戦への足がかりとするのが阿南の考えであった。もう一つの課題が陸海軍の統合であった。宮崎周一作戦部長が陸海航空の統合を進言したとき、阿南は、陸軍航空が海軍航空の指揮下に入ることを積極的に容認した。二月中旬になると、米軍は硫黄島に来襲し、かつて阿南が指揮した第一〇九師団に襲いかかった。三月一日、硫黄島の日本軍は玉砕した。フィリピン方面でも米軍はルソン島に上陸し、いよいよ沖縄に迫る。

米軍の沖縄上陸から数日後の四月六日、新首班の大命をうけた鈴木貫太郎海軍大将は、杉山陸相を訪問して陸軍の協力を求めた。杉山はあらかじめ省内で準備されていた組閣三条件（戦争完遂、本土決戦準備の早急実施、陸海軍の統合）を伝えた。しかし、鈴木は、意外にも簡単に、「誠に結構なり」と賛意を表したばかりか、自ら阿南大将の陸相就任を申し出る。なぜ、鈴木は簡単に陸軍の要望を受け入れたのであろうか。

鈴木の政権運営にとって最大の課題は、陸軍が提出するであろう「徹底抗戦論」を排除することなく、それをいかに制御しながら終戦に導くかにあった。そのための第一の要件は、陸軍中堅層の信望の厚い陸軍将官、すなわち阿南を陸相に就任させることであった。これと対になっていたのが、「和平派」とみなされていた米内光政海相の留任であった。米内の留任が濃厚となるや、陸軍省軍務局は反対の意向を組閣本部に伝えた。鈴木は米内留任を譲らなかったが、陸海軍の統合も認めなかった。海軍部内に厚い支持があり、陸海軍統合に一貫して反対してきた米内の留任は、閣内において阿南の発言を牽制・抑制する効果が期待できた。陸海軍の統合が実現すれば、陸軍に対抗する唯一の実力組織としての海軍の発言力が失われ、閣内の勢力バランスは大きく崩れる可能性があった。

鈴木の閣議運営は、抗戦論を排除するのではなく、十分に耳を傾けることで内閣瓦解を避けつつ戦争終結の機会をうかがうというスタイルであった。鈴木自身によれば、抗戦論を鼓舞する発言をしばしば行ったのは、「よし終結に導くとしても、国民の士気、軍の士気といふものは最後の段階に至る迄決して落してはならぬといふ信念」の故であった。「国民の士気、軍の士気」を温存したまま終戦を導く「和平戦略」の意味するところは、国体の破壊や民族の滅亡まで想定された「無条件降伏」の回避と、できるだけ有利な条件での終戦の実現であった。こうした鈴木の迂遠な政治指導のあり方は、老いて強力なリーダーシップを欠き、その立場も動揺気味だったとの評価につながっている。しかし、阿南は鈴木の意図をよく理解していた。

†「水際作戦」への固執

無条件降伏を回避し、有利な終戦を導く方法は二つ考えられた。その一つはソ連に和平斡旋を依頼するという方法であった。ソ連は四月初頭に日ソ中立条約の不延長を通告していたが、有利な仲介を期待できる有力国はソ連以外にはなかった。ソ連に対する仲介依頼という方策は、五月中旬の六巨頭会談（最高戦争指導会議構成員会議）で決定される。しかし、その前提としての対米英和平条件に関する議論が、戦局観の違いからまとまらず、発動は見送られていた。とくに東郷重徳外相や米内と阿南との戦局観は大きく掛け離れていた。阿南が、「日本は未だ広大な敵の領土を占領しているのに反し、敵は未だ日本領土の一部に手をかけたにすぎない、英米との和平条件はこの現実を基礎として考慮しなければならない」と力説する。他方、東郷は、「和平条件は現在の彼我の態勢ばかりでなく、将来の戦局推移も考慮して決定されるはずのもの」と応酬し、両者の溝は最後まで埋まらなかった。結局、天皇の督促によってソ連に対する仲介依頼が実際に発動されるのは、ポツダム宣言の直前のことであった。

もう一つは、ソ連の中立維持を前提に、本土決戦態勢を固めることであった。参謀本部は本土作戦計画に、「日本軍民の強烈なる抗戦意思を知らしめ得たならば是に因り比較的有利な条件で終戦の好機を摑み得る」という効果を期待した。阿南も、沖縄戦が終末に近づくと、対ソ交渉よりも、本土決戦を前提とした徹底抗戦論に傾いていく。天皇や鈴木首相は、徹底抗戦態勢を維持したうえで終戦への転機を沖縄戦の敗北に求めていたが、阿南は自らの歴戦の経験から本土における「水際作戦」に活路を求めようとした。

阿南は、本土決戦準備の視察のため各地の部隊を訪問していた。南九州を視察した際、防御陣地が海岸から遠くに造成されていたため、陣地を前進させるよう師団参謀長に指示した。この指示は、四四年五月末に、西部ニューギニアのビアク島に米軍が上陸したとき水際で撃退した、という第二方面軍司令官としての経験からであった。七月末にも、陸士同期の安井藤治（国務相）に、全国を戒厳令を敷いて内政全体を握るのは不可能であるが、「何としても水ぎわで敵にひとあわ吹かせてから、少しでも有利な条件で和平へ持って行くことを願うだけだ」と語っている（読売新聞社編『昭和史の天皇　終戦への道〈下〉』）。

†いかに国体を護持するか

八月六日の原爆投下、九日のソ連参戦は、ポツダム宣言の発表以来、和戦をめぐって硬直化していた日本の政局を一気に動かすことなる。なかでもポツダム宣言に加わったうえでのソ連の参戦は、ソ連仲介による終戦という選択肢を閉ざし、ポツダム宣言の受諾による終戦か、拒絶による戦争継続かという選択を迫ることになる。六巨頭会談と閣議が繰り返されたうえ、八月一〇日の御前会議は、宣言受諾の条件として、単一条件論（国体護持）、四条件論（国体護持、自主的武装解除、自主的戦犯処罰、保障占領拒否）とが対立し、聖断によって単一条件による受諾に決した。しかし、国体護持の保障を求める日本の申入れに対する連合国の回答文（バーンズ回答）は、国体（天皇の国家統治の大権）の保障が明示されず、再照会論が浮上し、再び議論が繰り返され、結局、八月一四日の御前会議は、再度の聖断によって宣言の最終的受諾を決定した。

以上の一連の過程において、東郷外相や米内海相は国体護持のみを条件とするポツダム宣言の無条件受諾を一貫して主張し、阿南や梅津美治郎参謀総長は四条件を主張して対立したことは良く知られている。たとえば八月九日午後の閣議では、阿南は「軍隊が無条件降服になれば国体も何もあらざるべし。ソロバンでは勝目なし。〔中略〕英米に対しては必ず打撃を与え得べし。戦力は一億が名誉をかけて戦うか否かに在り」。

バーンズ回答の解釈をめぐって、阿南は国体護持に確証をもてなかったが、一三日午前、天皇は「阿南心配するな、朕には確証がある」と伝えている。しかしなお、阿南は東郷に歩み寄ることはなかった。同日午後の閣議で東郷は、国体問題は日本国民が決定すべき「内政問題」

との解釈を披露したうえ、再照会はかえって危険であると述べた。阿南はやはりバーンズ回答への不安を隠さず、なお日本には余力があるとし、「背水陣に臨む覚悟を以て交渉すべし」と再照会を主張している。東郷は、阿南の発言は「下の方の強硬な意見」に配慮したものと受け止めた。

†不発のクーデター計画

一二日頃から軍務局の佐官級の将校が竹下正彦中佐を中心に不穏な動きをみせる。近衛師団と東部軍をもって宮城を占拠し、要人を監禁して「聖慮」の翻意を促す、というクーデター計画であった。阿南のもとにいたった彼らは、阿南の翻意を迫った。阿南は賛否を明確にしなかったが、近衛師団と東部軍の準備行動には同意した。決起の必須条件は梅津参謀総長の同意であった。一四日早朝、阿南は梅津と話し合うが、梅津は同意しなかった。竹下は「万事の去りたる」を自覚する。しかし、同じ軍務課の椎崎二郎中佐、畑中健二少佐らの突き上げによって、昼すぎに阿南のもとに駆け付けるが、御前会議は終了し、詔書案の決定と閣僚の副書をまつのみとなっていた。そこで竹下は、「辞職して副署を拒みては如何」と進言した。終戦を国家意思として確定するためには、詔書に全閣僚が副署する必要があったからである。しかし、阿南は思いとどまった。阿南はつめかけた将校に御前会議の模様を伝え、決然として「不満に思う者は阿南を斬れ」と付け加えた（「竹下日記」）。

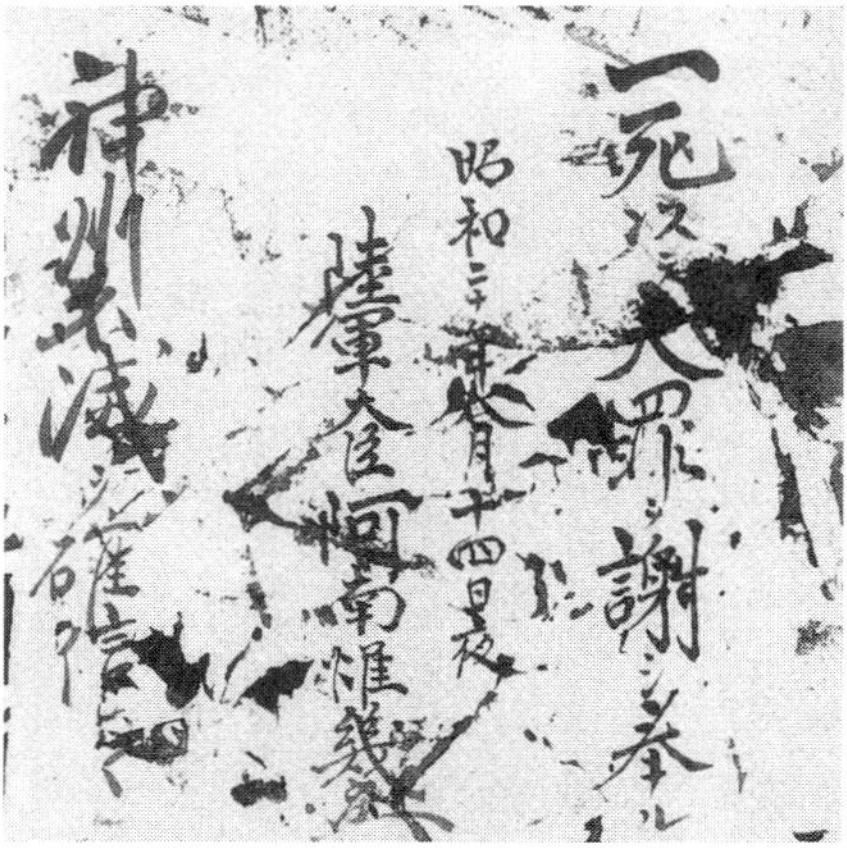

血染めの遺書（沖 1970 より）

†国体護持の条件——阿南と東郷

阿南の懸念は国内よりも、敗戦感に乏しい在外の日本軍の動向であった。一四日午後六時、阿南と梅津の連名で「帝国の戦争終結の件」が在外軍に発電された。この電報は、「小職等が敵側提示の条項〔ポツダム宣言〕は到底受諾し得ざるものなることを万策を尽して強烈に主張」したにもかかわらず、天皇が受諾を決断されたのは、同宣言は国体を毀損するものとは考えない、との天皇自身の判断による、と述べていた。敗戦感に乏しい在外軍を説得するためには、終戦は天皇自身の決断であることを示す必要があった。終戦の詔書に、「朕《ちん》は茲《ここ》に国体を護持し得て」という文言を加えることを主張したのも阿南であった。

終戦の詔書がラジオで流れる数時間前、阿南は冒頭の遺書を認《したた》め、息絶えていた。

ところで、八月九日以降のポツダム宣言の受諾をめぐる閣議や六巨頭会談において、阿南と東郷の発言は対極にあった。一条件（国体護持）に頑なに固執する東郷と、四条件を譲らない阿南の姿勢とは、他の指導者の介在による両者間の妥協や調整を不可能なものとしていた。

鈴木内閣の内相であった安倍源基《げんき》は、「東郷の言うとおりに、無条件にポツダム宣言を呑むということで仮に閣議がまとまっていたということになったら、おそらくクーデターで鈴木内閣は倒されたと思います」と戦後語っている。その意味では、東郷の立場に原則的に与しない阿南の存在は不可欠であった。

その阿南の態度について、首相であった鈴木は、阿南が「抗戦のみを主張する人ならば、簡単に席を蹴って辞表を出せば、余の内閣など忽《たちま》ち瓦解して了うべきものであった」と回顧する。阿南がクーデター計画にも賛同せず、単独辞職といった行動に出ることはなかった。阿南は沖縄戦の終末の頃から、本土における水際作戦に一縷の望みを託していたものの、長期的な抗戦は不可能と判断していたようである。

公式の議論の場における阿南の強硬な態度は、「下の方の強硬な意見」に配慮した部内統制のためだけが理由ではなかった。終戦の場合には、三〇〇万を超える内外地軍の復員を引き受けることになる陸相としては、自主的に行う武装解除と戦争裁判、保障占領の回避とは軍の名誉を保ちつつスムーズな復員を実現するためにも、さらに国体の護持を確実なものとするためにも必須の要件であった。

さらに詳しく知るための参考文献

沖修二『阿南惟幾伝』(講談社、一九七〇)……阿南の友人で、陸軍士官学校同期(一八期)の沢田茂(元陸軍中将)と、陸相時代の次官であった若松只一(元陸軍中将)の肝いりで発足した「阿南会」の事業として刊行。著者は、すでに『山下奉文』(一九五八)を出版していた沖修二氏である。完成まぢかに沖氏が急逝されたため、友人の渋谷清氏が執筆を引き継いだ。阿南会の全面支援のもとで関係資料の収集がなされ、本書には阿南の「陣中日誌」「豪北日誌」なども織り込まれている。これらは現在、国立国会図書館に「阿南惟幾関係資料」として所蔵されている。

秦郁彦『昭和史の軍人たち』(文藝春秋、一九八二)……秦氏の好みで選ばれた二六人の陸海軍将官の一人として阿南を論じている。戦後、軍国主義を煽った皇国史観として批判の矢面に立たされた「平泉史学」が、抗戦派将校に与えた影響を重視し、それに共鳴する阿南という立場から、自決の意味を掘り下げている。本書に収録された「昭和将帥論」も陸海軍の高級人事の内側を取り上げて興味深い。

角田房子『一死、大罪を謝す――陸軍大臣阿南惟幾』(新潮社、一九八〇/ちくま文庫、二〇一五)……学術書ではないが、丹念な取材をもとに阿南の生涯が描かれ、阿南を知るのに貴重な情報も含まれている。

筒井清忠『昭和十年代の陸軍と政治――軍部大臣現役武官制の虚像と実像』(岩波書店、二〇〇七)/戸部良一『日本の近代9 逆説の軍隊』(中央公論社、一九九八)……以上の二書は、直接、阿南を取り上げているわけではないが、昭和期の「陸軍と政治」の関係の実態を把握し、阿南に限らず、偏りがちな昭和期の軍人の人物評価を質す意味でも有用。

第4講

鈴木貞一——背広を着た軍人

高杉洋平

†「三奸四愚」

東条英機の「三奸四愚《さんかんしぐ》」という言葉がある。東条の側近として国を誤った元凶七人を揶揄する言葉である。人によって誰を入れるかは諸説あるようだが、そこに東条内閣の企画院総裁だった鈴木貞一《すずきていいち》を含めることでは異論はないようだ。

鈴木は奇妙な軍人である。陸軍大学校を優秀な成績で卒業した陸軍のトップエリートでありながら、部隊勤務の経験は少なく、もっぱら中央でのデスク・ワークで終始した。青年将校時代には大蔵省に派遣されて金融経済を学び、将官となってからは興亜院・企画院に「文官」として勤務した。そのため、現在一般に目にする鈴木の写真は背広姿の物が多い。若い頃から政治に強い関心を示し、一介の中堅将校の頃から、近衛文麿・木戸幸一・原田熊雄・森恪《つとむ》・白鳥敏夫といった華冑《かちゅう》界や政界の大物と親交を結んだ。

容貌も特徴的である。陸軍軍人としてイメージされるような粗野な印象は皆無であり、瘦身、眼鏡の奥からは怜悧な目が覗く。茶の湯やゴルフを嗜み、白足袋や革ジャンは鈴木のトレードマークだった。その教養と博識も軍人離れしていた。百歳まで長寿(一九八九年没)を保った鈴木は、晩年に多くの研究者やメディアのインタビューを受けているが、その記憶力と頭脳の明晰さでインタビュアーを驚かせた。

他方で、鈴木には「三奸四愚」の言葉で端的に表される悪評も付きまとう。「昭和のフィクサー」として有名な矢次一夫は、鈴木を次のように評している。「鈴木貞一が、『和戦決定』という重大段階に、主戦派に押しまくられて、近衛や、和平派が目を白黒させているとき、彼が閣僚としてとった言動には不可解というか、奇怪というか、取りようによっては悧巧さ、要領の良さ、という態度が著しい。かかる鈴木に対して、陸軍部内はもちろん、海軍内部においてさえも、非難と嘲笑の声が多かった」(矢次『昭和動乱私史』下巻)。

現在、鈴木の「悪評」はほとんど定着していると言ってよい。しかし最晩年においても周囲を驚かす聡明さを示した人間が、これほどの悪評を買ってしまったことは不思議でもある。いったい鈴木貞一とは何者だったのだろうか。

†生い立ちと青年時代

鈴木は一八八八（明治二一）年、現在の成田空港にほど近い千葉県山武《さんぶ》郡二川《ふたかわ》村に大地主の長男として生まれた。実家を継ぐことを期待された鈴木は、中学校への進学を禁じられたが、これに反発して上京、中学校に編入する。

当時は日露戦争の終戦直後であり、大陸熱が盛んだった。鈴木少年も漠然とした大陸進出の夢を描き、鴨緑江《おうりょくこう》の森林開発を志すようになる。そのために第一高等学校から東京帝国大学農学部を目指す積りでいた。ところが一高の受験前に腕試しで受けた陸軍士官学校（第二二期）に合格し、一転して陸軍軍人の道を歩むことになる。

鈴木貞一（1888-1989、毎日新聞提供）

一九一四（大正三）年には高級将校の登竜門である陸軍大学校に入学した。陸大在学中、鈴木は妻の姻戚のつてで参謀次長だった田中義一の知遇を得る（田中は若い頃に鈴木の妻の義理の叔父に世話になっていた）。田中はのちに政友会総裁として首相を務めた経歴からも分かるように、軍人離れした政治的見識を持つ人物であった。

鈴木が一九一七年に陸大を卒業すると、陸軍大臣になっていた田中は、鈴木に大蔵省への派遣を命じる。これは軍人に広い政治的見識を与えようという田中の施策だった。派遣を命じられた将校は全て田中の「個人的な知合い」から選ばれたが、その一人、井上三郎（桂太郎三男、井上侯爵家の養子となり、井上馨の娘と結婚する。のち貴族院議員）と親交を結んだことは、のちに鈴木の人生を一変させることになる。井上との交友は「兄弟以上のもの」であり、井上は「物心両面」で鈴木を援助した。特に井上の手引きで近衛文麿や原田熊雄と知り合ったことで、鈴木は一介の中堅将校時代から華冑会の要人と交際するようになる（鈴木「余と近衛文麿公」『史』四四号）。

さて鈴木ら派遣将校は、午前中は「帝大の経済学講義のプリント」や山崎覚次郎・堀江帰一の経済原論を読み、午後は大蔵官僚から「欧州大戦後の世界経済事情」を聴いた。大蔵省の後は日本銀行・横浜正金銀行にもそれぞれ一カ月間通った（鈴木「わが回想2」『史』四九号）。この時の経験から、鈴木は経済問題や社会問題に強い関心を持つことになる。

田中が陸軍大臣を退くと、後任には田中の強い推挙を受けた宇垣一成が就任する。宇垣は鈴木の陸大時代の校長であり、個人的な交流もあった。鈴木は宇垣の人物と見識に惚れ込み、「非常に僕は宇垣さんに傾倒した」。この頃の鈴木が「田中―宇垣派」と人脈を形成していたことが分かる。

他方で、鈴木は陸大卒業後は参謀本部勤務と中国派遣を交互に繰り返し、「田中―宇垣派」

色の強い陸軍省勤務はあまり経験していない。参謀本部は「田中―宇垣派」と対立していた上原勇作の牙城であった。鈴木は上原に強く傾倒し、生涯師事することになる。このため田中と上原の対立には当惑することもあったようである。これに対して、宇垣との関係は疎遠になっていった。鈴木によれば、政治的野心を高めた宇垣が、首相となった田中に対抗して忘恩的な態度を取るようになったことに失望したからであるという。両者は顔を合わせても「ろくに話もしない」間柄になる。

†陸軍革新運動と満州事変

大正後期から昭和初期の時代、相次ぐ軍縮や陸軍人事の停滞、満蒙権益の不安定化に刺激され、陸軍では中堅～若手将校による国家革新運動が興隆した。一九二一（大正一〇）年、欧州派遣中の永田鉄山・岡村寧次・小畑敏四郎が、長州閥による派閥人事の打破、総動員体制の確立を盟約したという所謂「バーデン・バーデンの盟約」は良く知られている。彼らは帰国後に同志を集めて「二葉会」を結成、長閥打破や満蒙問題を研究するようになる。

鈴木もまた、こうした動きと無縁ではなかった。一九二七（昭和二）年、鈴木らが中心となって二葉会より若干若いメンバーが「木曜会」を結成、軍の革新や満蒙問題の解決を話し合うようになる。同会では「帝国自存のため満蒙に完全なる政治的権力を確立するを要す」と結論し、満蒙問題を武力解決することを決定した。鈴木自身の見解は「三十年に至らざるに先立ち満蒙をとる」であった（「木曜会記事」）。

一九二九年、永田と鈴木の主導によって両会は合流し、「一夕会」を結成する。同会は①陸軍人事の刷新、②荒木貞夫・真崎甚三郎・林銑十郎の擁立、③満蒙問題の解決、を掲げると、陸軍人事掌握のため、岡村を人事局補任課長に据え、関東軍には板垣征四郎と石原莞爾を送り込んだ。

鈴木は政治家や外務省とのコネクションも構築した。一九二七年、鈴木は中国出張中に政友会の森恪と知り合い、幣原外交批判と満蒙問題解決の必要性で意気投合する。また外務省や海軍との情報交換会も定期開催した（筒井二〇〇六）。

もっとも鈴木によれば、自身は満州事変の具体的計画には関与しておらず、柳条湖事件の真相は「僕なんかは二年位経ってから後に承知した」という。鈴木が満州事変の実行に直接関与していないことは確かであるにしても、「怪しいということも感じなかった」という証言にはやはり疑問が残る。

満州事変の余波によって第二次若槻礼次郎内閣が総辞職すると、永田や鈴木は後継の犬養毅内閣の陸相として荒木貞夫を送り込むことを画策する。前述のように、荒木は永田ら陸軍革新派将校の輿望を担っており、また鈴木にとっては参謀本部時代の上司でもあった。

当時、陸軍大臣は陸軍三長官（陸軍大臣・参謀総長・教育総監）の合議によって一名を推薦し決定される慣行であったが、この方式では「宇垣派」の阿部信行が選出される可能性が高かった。そこで鈴木は政友会幹事長となっていた森と相談し、犬養から陸軍側に対して複数の候補者を推薦するよう依頼することに決した。複数であれば荒木も候補者に入る可能性が高く、そうすれば犬養はたとえ最下位候補であっても荒木を採用する計画であった。一九三一年一〇月、鈴木らの狙い通り荒木が陸軍大臣に就任、陸相となった荒木は「宇垣派」の人脈を次々に排除し、真崎が参謀次長に、林が教育総監に就任する。

鈴木は荒木の下で満蒙班長・新聞班長を歴任し、国際連盟脱退論を高唱し、荒木陸相の対ソ政策・農村救済政策・軍備拡張計画を主導した。また、高名な陸軍パンフレット「国防の本義と其強化の提唱」の制作を企画した。

また鈴木はその政治人脈を駆使して原田熊雄・近衛文麿・木戸幸一としばしば意見交換し、陸軍や自身の要望を伝えた。さらに原田の紹介で元老西園寺公望に直接意見具申する破格の待遇も得る（「鈴木貞一日記」。原田熊雄『西園寺公と政局』二巻）。

しかし陸軍内における鈴木の権勢はこの頃が絶頂であった。以後、鈴木の立場は急速に不安定化する。陸軍内で新たな派閥抗争が萌芽していた。「反宇垣」で結束していた陸軍革新派将校は、「皇道派」と「統制派」に分裂していくのである。

†陸軍派閥抗争と左遷

一夕会の革新派将校の結束は、荒木の陸相就任後すぐに崩れ出す。原因は荒木と永田の確執であった。すでに見たように、当初、永田は荒木の陸相就任を歓迎していた。しかし荒木の余りに露骨な派閥人事にすぐに失望することになる。

また、その国防政策でも両者は離反した。荒木や腹心の小畑敏四郎はその反共イデオロギーから、北進南守政策を志向しており、鈴木も同意見であった。これに対して永田は北守南進政策を主張し、両者は折からの日ソ不可侵条約問題や北満鉄道買収問題（ソ連経営の同鉄道を買収することで両国の紛争原因を除去しようとした）で激突することになる。鈴木は日ソ不可侵条約も鉄道買収も基本的に反対であり、ソ連とは緊張状態を維持しながら、英米中との関係改善に進むべきとの考えだった（そのため、のちには日独伊三国防共協定には対ソ同盟の観点から賛成し、対して三国同盟には英米を無用に刺激するという理由で反対している）。

さらに荒木の陸相としての交渉力への失望も加わった。永田は荒木が陸軍の希望する政策（予算）を閣議で勝ち取ることを期待していたが、政治交渉に不慣れな荒木は、高橋是清蔵相ら老獪な政治家の敵ではなく、陸軍の要求は骨抜きにされた（北岡二〇一二）。

荒木や真崎と青年将校の結び付きも問題視された。荒木や真崎は直接行動主義を採る隊付青年将校と結び付き、ときにこれと迎合するかのような態度を取った。永田はこうした組織秩序を紊乱する行動を嫌悪した。鈴木自身は、暴力に乗じた国家革新運動には反対であり（『西浦進氏談話速記録』上巻）、青年将校の活動に一定の警戒心を抱いていた（「鈴木貞一日記」）。しかし心情的には荒木の考えを支持していた。「当時の僕の考えは、この点は荒木さんなんかと多少通ずるところがある」。

かくして両者は離反し、のちには「皇道派」と「統制派」に分かれて派閥抗争を繰り広げることになるのだが、鈴木は両者の離反に困惑することになる。鈴木は荒木の右腕であったが、同時に永田の革新思想に共感しており、熱心な支持者であったからだ。鈴木は両者の対立を緩和すべく奔走するが、これに失敗する（「鈴木貞一日記」）。

2.26 事件の反乱部隊将兵に帰順を勧告するバルーン

両派の抗争は、省部の実力者を手中にする「統制派」に有利に傾く。追い詰められた「皇道派」では、急進派の隊付き将校相沢三郎が永田を刺殺、さらに在京の青年将校が二・二六事件を引き起こすことになる。前述のように、鈴木は青年将校運動には一定の警戒心を持っており、青年将校が嫌悪した永田との関係も悪くなかった。しかし他方で、反乱将校からは「同志」と認識されており（のちに磯部から叛乱幇助罪で告発されている）、調停を期待されて官邸に招致された。実際、鈴木は反乱将校に同情的な調停者として行動するのである（北二〇〇三。筒井二〇一四）。

反乱鎮圧後、陸軍では「皇道派」将校の左遷人事が行われた。主導したのは陸軍省軍務局軍事課高級課員の武藤章を中心とする「統制派」中堅幕僚であった（筒井二〇〇六）。鈴木も満ソ国境警備に当たる歩兵第一四連隊長に異動させられた。僻地の国境警備部隊への転出は事実上の左遷人事であろう。

その後も京都の留守師団（出征した師団の留守を預かる部隊）の非役の司令部付という閑職をやらされた後、満州駐箚の第三軍の参謀長に就任する。しかし鈴木は当時の部下の参謀を「覚えていない」という。当時の彼の心理状況が窺えよう。

†中央への復帰

地方ドサ回りを続ける鈴木を救ったのは華冑会の友人だった。左遷中、鈴木は近衛に手紙や電報を送り続けた。近衛は一九三七年に首相となっていた。筆不精の近衛から返事はなく、「僕だけが書いている。（中略）支那事変が起ったときに『これはいけない』という電報を打ったりなんかして、それは師団長からお小言をちょうだいしたりした」。前述のように、鈴木は北進南守政策を信奉していたから、日中戦争には批判的だった。近衛は陸軍の統制に手を焼いており、鈴木の意見を求め、赴任先の京都や荻窪の近衛私邸で陸軍統制について話し合っている。

すると鈴木が第三軍参謀長として満州にいた一九三八年一一月、鈴木は突如上京を求められ、興亜院政務部長への就任を打診される。近衛による「ごぼう抜き」人事だった。

興亜院とは日中戦争による占領地行政などを取り仕切るために一九三七年に設立された行政組織であり、総裁は首相が、副総裁は外務大臣・陸海軍大臣・大蔵大臣が兼任した。興亜院の設立には、強力な対中機関を設立することで、表向きには陸軍の求める占領地行政に協力しつつ、陸軍の対中政策を統制したいという近衛の思惑があった。興亜院の事実上のトップである総務長官には「皇道派」の柳川平助が任命された。鈴木は事実上のナンバー2である。明らかに「皇道派」人脈で現在の陸軍主流である旧「統制派」系の人脈を抑えようとする意図が見える。しかし鈴木によれば、陸軍に対抗しようという当初の目的は現実問題として困難であり、軍との間で「クッション」になる位の仕事しかできなかった。近衛自身も一九三九年一月には「途中でもって腰くだけになってしまって、やめてしまった」。

陸軍統制という近衛の意図は成功したとは言い難いが、しかし鈴木にとって興亜院への登用は大きな意味を持った。陸軍内での権力闘争に敗れた鈴木は、「文官」として中央復帰のチャンスを得たのである。

一九四〇年七月、近衛は「新体制」を掲げて第二次近衛内閣を組閣する。しかし武藤ら軍務局幕僚や左翼系革新派によって主導された新体制運動は、「観念右翼」の攻撃（「近衛幕府」「共産主義」批判）に晒された。こうした批判や陸軍による政権「ロボット化」を恐れた近衛は、やがて政府・大政翼賛会内の「革新派」排除に乗り出し、鈴木は「革新派」星野直樹の後任として企画院総裁に指名された（一九四一年四月四日）。企画院総裁は前任の星野時代から国務大臣を兼任しており、鈴木は慣行に則って予備役に編入される。

企画院とは重要物資の生産動員を企画立案する内閣直属機関であり、急進的「革新派」官僚の牙城でもあった。鈴木就任の直前には、共産主義活動に従事したとして所属官僚が大量検挙される「企画院事件」が起きていた。「皇道派」で近衛とも旧知であり、かつ革新政策にも積極的な鈴木は、武藤ら旧「統制派」系の軍人や（近衛の認識するところの）「アカ」を牽制しつつ、統制経済を遂行するのに最適な人材だと考えられたのだろう。鈴木は統制経済の必要性は強く主張していたものの、独裁的な政治体制や、軍自らが体制変革を要求することには反対であった（『鈴木貞一日記』）。

もっとも鈴木はこの頃にはかつての「皇道派」リーダーである荒木や小畑とはすっかり疎遠になっており、関係はかなり悪化していた（有竹修二編『荒木貞夫風雪三十年』。須山幸雄『作戦の鬼小畑敏四郎』)。鈴木によれば、陸相時代の荒木が陸軍の予算要求を貫徹できなかったことで「荒木というものをまったく見捨ててしまった」のだという。確かに、興亜院政務部長就任以降の鈴木の行動を見る限り、「皇道派」人脈との関係は希薄である。同時に、現在の陸軍主流である旧「統制派」系との対決姿勢にも乏しい。この点で、〝鈴木による陸軍の牽制〟という近衛の意図の実効性は疑わしい。

東条内閣にも企画院総裁として入閣した鈴木（前列右）

†日米交渉

企画院総裁として鈴木が直面した最大の問題が日米交渉である。日独伊三国同盟・南部仏印進駐を受け、米国は屑鉄・石油の禁輸を始めとする対日経済制裁を発動し、三国同盟破棄や中国からの撤兵を要求した。緊張下に日米交渉が続けられるなか、企画院総裁としての鈴木の役割は、対米開戦の是非を決する国力判断の提供であった。この問題に関してしばしば指摘されることに鈴木の「あいまいさ」や

「転向」がある。

「あいまいさ」の問題に関しては、南部仏印進駐と同時期の七月二九日、企画院は次のような国力判断を下している。まず企画院は現在の保有物資では長期戦は不可能であり、戦争初期の段階で資源地帯と輸送路の確保が不可欠であるとする。したがって作戦計画と生産能力の整合性に明確な見通しが付くまでは「英米トノ本格的経済断交ノ到来ヲ回避」するべきとの慎重論を結論する。しかし後段に入ると、「現状ヲ以テ英米等ニ依存シ資源ヲ獲得シテ国力ヲ培養セントスルモ今ヤ極メテ困難トスル所ニシテ現状ヲ以テ推移センカ帝国ハ遠カラス瘦衰起ツ能ハサルヘシ　即チ帝国ハ方ニ遅疑スルコトナク最後ノ決心ヲ為スヘキ竿頭ニ立テリ」とする（参謀本部『杉山メモ』上巻）。これでは企画院の結論が和平を是とするのか、戦争を是とするのか判断に苦しむ。

「転向」の問題に関しては、近衛内閣時には、鈴木は独ソ開戦を理由にして三国同盟を破棄することを近衛に進言したり、また米国の要求に応じて中国からの原則撤兵を宣言し、その後の個別交渉で実質的な駐兵を確保することを提案している。さらに日米首脳会談構想が持ち上がると、陸軍が会談そのものには賛成したことを奇貨として、近衛が全権として独断で妥協して話をまとめてくることを進言している。そもそも北進南守論者で日中戦争にも否定的な鈴木にとって、対米戦争は「物がないから」起こる戦争であり、逆に言えば「物」さえ入手できるのであれば、対米妥協そのものは受け入れ不可能な問題ではなかったのである。しかしこうした意見具申が、東条内閣で行われた形跡はない。むしろ開戦を主張して、逡巡する消極派を説得する役割を果たす。

こうした事実もあって、従来、対米交渉における鈴木の態度はその「狡猾さ」ばかりが注目されてきた。「前後全く相反することを平然と云ふ」癖や、対立する二派の間で双方に恩を売ろうとする鈴木の「常套手段」に対する悪評は当時からあった（細川護貞『細川日記』上巻）。

しかし鈴木の「あいまいさ」や「転向」は一つの明確な状況判断を伴うものでもあった。それは「臥薪嘗胆《がしんしょうたん》」（対米妥協も戦争もしない。経済制裁は甘受する）を国力判断の結果として受け入れ不可能と排除していることである。

たとえば星野前総裁時代、企画院では人造石油の開発について調査を行っており、相当の有望性を認めていた。のちに近衛はこの研究を根拠に、「臥薪嘗胆」による戦争回避を主張することになる。しかし人造石油問題に関する鈴木の結論は、膨大な予算と資源を開発に回せば理論上は一定の可能性があるものの、現実問題としては「期待シ得ス」であった（近衛文麿『平和への努力』。『杉山メモ』上巻。鈴木の判断はのちに大蔵省の調査でも裏書された。また海軍は人造石油開発への予算流用には絶対反対であり、「国内政治」の観点からも不可能であった）。

一一月初頭の戦争発起を決定した一一月一日の連絡会議は、統帥部の開戦論と東郷茂徳（外相）・賀屋興宣《かやおきのり》（蔵相）の「臥薪嘗胆」論が正面衝突し、会議は連続一七時間に及んだ。鈴木は「臥薪嘗胆」よりも「物ノ関係ハ戦争シタ方カヨクナル」として東郷と賀屋の説得に努めた（『杉山メモ』上巻）。鈴木の楽観論は海軍が計算した船舶損失量や造船能力を前提とするものであり、もし海軍の計算に過誤があれば、たちまち崩れる危ういバランスに立脚したものだった。海軍の算出した数字を無批判に採用した鈴木の姿勢はしばしば「責任転嫁」として批判される。しかし「臥薪嘗胆」を排除する姿勢それ自体は終始一貫したものだった。

近衛内閣で対米妥協を主張したことも、東条内閣で主戦論を主張したことも、「臥薪嘗胆」排除の観点からのみ見れば、「あいまい」でも「転向」でもないのである。

では鈴木は「免罪」されるべきだろうか。筆者はそれでも鈴木には大きな政治的責任があったと考える。鈴木の「臥薪嘗胆」排除論は、それ自体の理屈としては論理的で一貫したものであったが、しかし他方で、それは非戦論にも開戦論にも読み替え可能な融通無碍な論理ともなり、鈴木の政治的責任を糊塗《こと》する手段となっていたからである。この論理により、鈴木は近衛内閣でも東条内閣でも重用され、晩年のインタビューでも自己弁護の手段となった。

戦後、鈴木は近衛の勇気やリーダーシップの欠如を非難し、東条の政治的見識を酷評したが、鈴木自身はどうだったろうか。すでに本講でも確認したように、元来、鈴木には国家の大計を論じるだけの見識と能力があったように思う。しかし鈴木は、その生涯で何度も「主」を換えて巧みに処世してきたことから分かるように、権力や時流に敏感な人間だった。鈴木は「臥薪嘗胆」排除論の隠れ蓑の下で、上司である近衛や東条の決断に依存してしまったのである。その政治姿勢は、天皇を輔弼し内閣の決定に責任を負う国務大臣の態度としては無責任の誹りを免れないだろう。

鈴木の政治的人生を顧みると、個々の局面における鈴木の政治判断は、今日的に見ても正鵠を得ているものが相当に多いことが分かる。この点で鈴木は確かに並の人物ではなかった。同時に、個人としての優れた政治的見識と、それを現実の政治舞台で実行できるか否かは全く別個の問題であったことも分かる。

太平洋戦争中、鈴木は参謀本部時代の後輩である河辺虎四郎（参謀次長）と会談した。その席で河辺は、かつて鈴木が、「国政指導にあたる人間が、開戦すべきが否かの決を定めようとする時機に臨んだら、まずもって、その戦争の最終的講和条件をきめてかからなければならぬ」と力説していたことを引き合いに出し、「どんな成算を見込んで、開戦に賛成されましたか」と尋ねた。「濶達なる鈴木氏も、眉をひそめて、『残念ながら素志をつらぬくことができなかった…』と、いかにも口惜しそうな表情をして、あと多くを語らなかった」という（河辺『河辺虎四郎回想録』）。

さらに詳しく知るための参考文献

＊現在のところ、鈴木貞一そのものを対象とした研究書はないが、左記の書籍が参考となるだろう。

日本近代史料研究会編『鈴木貞一氏談話速記録』上下巻（日本近代史料研究会、一九七一、一九七四）……鈴木は多くの証言や回想を残しているが、本書は質量共にもっとも充実している。事実関係に関してはかなり正確に答えている。本講で特に典拠を記していない記述は同書に拠る。

伊藤隆他編「鈴木貞一日記」（『史学雑誌』八六編一〇号、八七編一号、四号、一九七七、一九七八）……鈴木の遺した唯一の日記。昭和八年と九年のものだけだが、内容は興味深い。鈴木の政治思想や交友関係が良く分かる。伊藤氏による解説も参考になる。

筒井清忠『二・二六事件とその時代――昭和期日本の構造』（ちくま学芸文庫、二〇〇六）……陸軍革新運動に関する詳細な研究。

北岡伸一『官僚制としての日本陸軍』（筑摩書房、二〇一二）……「統制派」「皇道派」の対立期に詳しい。

北博昭『二・二六事件全検証』（朝日選書、二〇〇三）／筒井清忠『二・二六事件と青年将校』（吉川弘文館、二〇一四）……二・二六事件に関する研究は数多いが、前二書は信頼性と読みやすさが両立する。

森山優『日本はなぜ開戦に踏み切ったか』（新潮選書、二〇一二）……複雑な国内外の交渉過程を簡明に分かりやすくまとめている。

日本国際政治学会編『太平洋戦争への道』七巻（朝日新聞社、一九六三）……研究史におけるエポックメイキングなシリーズ。開戦決定における鈴木に関する記述が参考になる。

第5講 武藤 章——「政治的軍人」の実像

髙杉洋平

†石原莞爾との対立

一九三六（昭和一一）年一一月、参謀本部戦争指導課長の石原莞爾少将は満州に飛び、関東軍参謀連と対峙した。かねて関東軍の露骨な内蒙工作（満州国外縁の中国北部地域に親日政権を樹立しようとしていた）に不満を抱いていた石原は、この機会に関東軍参謀を訓戒しようと目論んでいた。

関東軍の謀略を非難する石原に対して、一人の参謀が嚙み付いた。第二課長武藤章《むとうあきら》大佐である。「これは驚きました。私たちは、石原さんが、満州事変の時、やられたものを模範としてやっているのです。あなたから、お叱りを受けようとは、思っておらなかったことです」。参謀連の哄笑に、石原は一言もなかったという（今村均「満州火を噴く頃」『別冊知性』五）。

武藤と石原の因縁はこの時だけに止まらなかった。翌一九三七年三月、武藤は帰国し参謀本部第一部第三課長に就任する。直属上司の第一部長は石原である。この人事は、前年の衝突にも拘らず、武藤の能力を買った石原の要求によって実現したものだったという。しかし武藤はそのような経緯に囚われるタイプではなかった。

七月、北京郊外の盧溝橋で起こった日中両軍の小競り合いを契機として、日中戦争が勃発する。武力衝突発生の一報を受けた武藤の感想は「愉快なことが起ったね」だった。武藤は「対支一撃論」を唱えて内地三個師団の動員を含む積極作戦を主張し、「不拡大派」の石原と再び対立することになる。武藤と石原の関係は険悪化し、白昼、やめろ、やめないと怒鳴り合うまでに悪化する。九月、事変拡大を防ぎえなかった石原は、失意のうちに関東軍へ転出した。

武藤の名誉のために一言付言しておくと、武藤の「対支一撃論」は単純な好戦感情に由来するものではなく、開戦初期に大規模な攻勢を行なうことで、むしろ戦争を短期間で終結させ、将来の禍根も取り除くことができるという「平和のための拡大論」であった。関東軍参謀時代の内蒙工作もまた、排日赤化勢力の侵入を防ぎ、満州国国境の安寧を維持するという意味で、武藤なりの大義名分に則った行動だった。結果として武藤は中国軍の抗戦意欲を見誤ったわけだが、しかし当時は参謀本部の大半が「対支一撃論」に与しており、石原の「卓見」はむしろ少数派であった。意地の悪い見方をすれば、石原の「不拡大論」も現実から乖離した空理空論と言うこともできないわけではない。事実、居留民と現地軍保護のために、石原も最終的には師団増派を認めざるをえなくなるのである。その意味では、武藤の過誤を過剰に批判するのもある種の「歴史の後知恵」だろう。

しかし日中戦争はやがて泥沼化し、対米戦争へと繋がることになる。武藤は日中戦争をなんとか終結させ、対米戦争を回避しようと奮闘するが、ついに失敗し、A級戦犯として処刑されることになる。その意味では、武藤が〝戦争への道〟において大きな責任を有することも間違いない。

かつて、武藤は軍部独裁と侵略主義の元凶として非難されることが多かった。しかし近年では、対米戦争回避に努力した姿勢を肯定的に評価する意見も有力になっている。本講では、こうした悪玉論・善玉論のどちらに与することもなく、太平洋戦争開戦に至る過程で武藤が果たした政治的役割を再確認してみたい。

武藤章（1892–1948）

†生い立ちと青年期

武藤は一八九二（明治二五）年、熊本県上益城郡白水村の小地主の末子として生まれた。軍人好きの母親の影響から一九〇六年に熊本地方幼年学校に入校、中央幼年学校・士官学校と進み、一九一三年に陸軍少尉に任官した。一九一七年には高級将校の登竜門たる陸軍大学校に合格する。

順風満帆な軍人生活の裏で、時代は「大正デモクラシー」の真っ盛りであった。平和主義が高唱され、都会では軍人は制服で出歩くことを憚らねばならなかった。武藤は当時を振り返って「全く煩悶懊悩時代であった」と回顧している。新思想の影響を受けた多くの青年将校が軍籍を去るなか、武藤も思想・経済・文化といった書籍を盛んに読み漁り、退職の一歩手前まで思い詰めたという。「私には母が生きていた。私の軍人になったのは母の希望であった。私は母の悲しみを思って立ち止った」。武藤は家族思いであり、とりわけ母親を敬愛した。一九二二年に母親が亡くなったとき、武藤は亡骸を胸に抱いていつまでも泣いていたという。

陸軍大学校時代に新思想に触れ、多様な書物を耽読したことは、のちの武藤の思想形成に大きな影響を与えることになった。「私が軍人としては比較的自由な思想を持ち、時としては『赤』とまでいわれ、〔陸軍省勤務時代に〕各省との交渉において意志の通しやすかったのも私が彼等〔帝大出の高級官僚〕の持つ教養と同一基底に立つものがあるからであったと、ひそかに思っている」。

一九二〇年、武藤は陸軍大学校を優等で卒業する。陸軍大学校を優秀な成績で卒業した将校は、数年間の海外留学を命じられることが通例であった。武藤も一九二三年、ドイツ留学を命じられる。与えられた研究テーマはドイツ敗因の研究であった。
　武藤が留学した当時、ドイツは敗戦に沈んでいた。武藤はベルリンの印象を、「人心は不安動揺し、市街は雪溶けの汚水にまみれ、夜の街灯は暗く陰惨なものであった」と回想している。武藤の留学直前、ヒトラーのミュンヘン一揆が起きるが、「人々は Hitler ist verrücht《ママ》（ヒットラーは狂気だ）といって、てんで相手にしなかった」。武藤の回想から判断する限り、彼はドイツにもヒトラーにもさほどの感銘は受けなかったようだ。

　むしろ武藤は帰国の折に立ち寄った米国に強い印象を受けた。「米国には何にも古いものはない。すべて新しい。大袈裟である。すべてが動いている。近代文明の具体化である」。帰国後、武藤は米国視察の重要性を報告し、以後、欧州に留学する将校は必ず米国を視察するように定められたという。

　帰国後の武藤は参謀本部や陸軍省の要職を歴任し、当時陸軍のホープであった永田鉄山の知遇を得る。とくに陸軍軍政の中枢を握る陸軍省軍務局への転任は、軍務局長だった永田の指名だと噂され、この頃から陸軍部内での武藤の声望は急速に高まり出した。

　武藤は能吏だった。書類の細部にまで目を配り、部下の「テニヲハ」を一々直した。のちに武藤の部下となる西浦進は、武藤は「合理主義者」で「誠に手堅」く、「ガッチリしてミスがない」と評した。その一方で、武藤は常に自信に溢れ、押しが強く、その態度はしばしば傲慢と見られ、「無徳」と陰口された。

†中国戦線で

さて、話を日中戦争の当時に再び進めよう。事実上、石原を追出した格好になった武藤だが、日中戦争は彼の思惑に反して泥沼化の一途を辿る。一九三七年一〇月、武藤は中支那方面軍参謀副長として自ら中国戦線に赴くことになる。武藤は杭州湾上陸作戦・南京攻略戦・徐州作戦と三つの大作戦に従事して、いずれも勝利するが、中国軍は屈服しなかった。

一九三八年には北支那方面軍参謀副長として北京に赴任し、比較的平静な環境で近代中国を観察する機会を得た。「私の中支北支における二年間に見た支那人が、如何に抗日排日一色に塗りつぶされていたかは一驚に値した」。「どうしてかくも速やかに民族意識にまで上向したか、私は蔣介石を中心とする国民政府や延安共産政府の政治の力であると思う」。武藤は中国人の民族意識を見直し、逆に中国大陸で見聞きする日本人の無軌道と腐敗を嫌悪した。

北支那方面軍時代の部下であり、後に対米交渉で苦楽を共にすることになる石井秋穂は、武藤が「どうだろうかね。いくらやってもダメというなら国としても考え直さなければなるまいがのう…」と発言するようになったと回想している。如何にすれば日中戦争を終結に導けるか。武藤は苦悶するようになる。

武藤に自省的な感情が芽生えていたことは間違いないだろう。しかし同時に、「対支一撃論」の論理それ自体は飽くまで正しいものと考えていたようだ。武藤によれば、そもそも日中の激突は満州事変以来の民族的宿命ともいうものであった。日中の激突が早晩避けえないものであるならば、問題はその時期如何となる。中支視察中、武漢大学の威容を目にした武藤は言う。「よい時に戦さを始めた。もう十年遅かったらみろ。ひどい目にあったぞ」。武藤は中国人の発展可能性を認識したからこそ、日中の開戦は適切であったと考えた。むしろ、問題は徹底的な軍事行動に踏み切れなかった〝石原的〟な優柔不断にあったと考えた。

日中戦争、塹壕を越えて進軍する歩兵部隊

しかし戦争の是非はともかく、現実に泥沼化する戦線に対して、何らかの手を打たねばならないことも事実であった。武藤によれば、宿命的民族対立である日中戦争の「解決は偉大なる政治的決断を要し、外交的に妥協の途を講ずるかないしは武力による決定を与えねばならなかった」。外交的に解決するにせよ、武力により解決するにせよ、日本には〝石原的〟優柔不断さを払拭する敢然たる政治的決断が求められた。しかし武藤の見るところ、日本政府はあまりに無為無策であった。「私は日本における政治の貧困を痛感した」。

†政治権力の中枢へ

一九三九年九月、武藤は二年に亘る大陸勤務を終えて帰国、陸軍省軍務局長に着任した。この晴れの栄転を、武藤は強い目的意識と使命感を持って迎えた。それは国内政治の改革によって「国防国家」を建設し、政治・外交・軍事に強力政策を推し進め、日中戦争を終結させることである。武藤が着目したのが、かつての権勢こそ色褪せたものの、未だに強い政治力を有して議会に君臨する既成政党の存在だった。「私の考えでは数代の内閣がいわゆる超然内閣として政党的後拠勢力を持たない結果、確固たる自信なく、支那事変解決にも、国内態勢の強化にも何等見るべき積極的政策を遂行し得なかった事実に鑑み、是非とも強力政党を背景に持つ必要があるとの意見を有していた」。武藤は「党利党略」に明け暮れて国民の信頼を失った既成政党のあり方には強い批判を持っていたが、しかしその政治的実力は正当に評価し、利用する必要を認識していた。しばしば誤解されるが、この政党に対する積極的態度こそ、武藤の政治思想の特徴であった。

同時に、武藤は陸軍が政治の矢面に立つことを嫌った。この時期、畑俊六や杉山元といった陸軍将星が有力首相候補として噂されたが、武藤はいずれにも反対だった。「私の当時の考えは、林内閣といい阿部内閣といい、陸軍出身の内閣はどうも成績が思わしくなく、また実際政治に経験のない陸軍軍人が内閣を組織するのは無理だと思った。〔中略〕陸軍に果して陸軍内閣の採るべき確たる政策とこれを実行する成案があるかというに、私の知る限りにおいては全然ない。もっとも観念論的な議論は聞かんでもないが、そんなものは責任ある内閣の政策として、直ちに採り上げらるべき性質のものではない」。

一九四〇年一月、海軍大将の米内光政に大命が降下した。陸軍内には米内に反発する空気が強かったが、むしろ武藤は「ほっとした」という。こののち、米内内閣の「無策」が明らかになるにつれ、武藤が米内に不満を抱いたことは事実である。しかし武藤自身が積極的に米内内閣の倒閣工作を行っていたという旧来の解釈は誤りが指摘されている（筒井二〇〇七）。

武藤の関心は飽くまで日中戦争の解決にあった。一九四〇年の新年の挨拶で武藤は部下に訓示した。「今年はどうあっても事変を全面解決しよう。みんなその積りで踏ん張ってくれ」。

「新体制運動」への傾斜

日中戦争を解決するためには、なによりも先ず国内改革を実行し、強力な政府を擁立して「国防国家」を完成しなくてはならない、しかしその役目を陸軍自身が果たすことは不適切であり、政党の力を活用しなくてはならない、しかし既成政党には単独で新たな政治力の中枢になる実力は既に無い、その腐敗を容認するわけにもいかない……武藤がジレンマのなかで着目した存在こそ、五摂家筆頭として天皇家に次ぐ家柄を誇る青年政治家近衛文麿であった。

当時、近衛はその出自と聡明さによって、左右の様々な政治勢力から、政治革新運動＝「新体制運動」の主役と仰がれていた（近衛新体制）。武藤も自身の新体制構想を実現するため、近衛への働きかけを開始する。

では武藤の新体制構想とは如何なるものだったのであろうか。従来、武藤の新体制構想は軍部によるナチス的一党独裁の政治体制を目指すものだと理解されてきた。確かに、当時の陸軍政治将校にナチス・ドイツへの強い憧れがあったことは事実である。しかし武藤自身の構想はより柔軟なものであった。

まず、武藤は「近衛新体制」とは「政党」であるとする。この「党」は革新政策に理解のある既成政党人を多く受け入れて組織の中核とするが、既成政党そのものではない。国民から遊離して弱体化した既成政党の轍を踏まないために、全国的な国民組織を党の下部組織として傘下に収め、これを政治力の源泉とする。そのうえで反対党たる「野党」の存在も否定しない。これは武藤が「強健な反対党がいないと、新しい政治運動は育たぬ」（矢次一九五四）、「一国一党というものは（中略）必ず腐敗堕落をする」（『極東国際軍事裁判速記録』七巻）と考えていたからである。新党は議会での政治闘争を通じて権力を掌握し、強力政権を樹立して「国防国家」を確立する。議会は陸軍の要求を掣肘する場ではなく、それを勝ち取り、政治的正当性を附与する存在となるのである。陸軍はこの新党には参加せず、政治とは一線を画して純軍事的問題に専心する（髙杉洋平「『新体制』を巡る攻防」『年報政治学』二〇一八年―I号）。

武藤の構想は、制度的に「一国一党」を否定し、野党の存在も肯定しながら、現実には「一国一党」に等しい強力政党を欲していた点で、実現には微妙な政治的バランスが要求されるものだった。また陸軍から自立した強力政党が、陸軍の希望する政策（国防国家）を実現することを当然の前提としていた点で、潜在的な矛盾も抱えていた。しかし政党政治・議会政治に（武藤なりの）肯定的評価を与えていたことは注目してよいだろう。

しかし武藤の構想は、他の政治諸勢力から激しい反発を受けることになる。一つは精神的かつ観念的な天皇親政を唱える「観念右翼」である。彼らは帝国憲法に規定されない「新体制」なるものが強力な政治力を保持することを「幕府」の再来として非難した。元来「観念右翼」は近衛と政治信条的に近く、強い影響力を持っていた。

今一つは、近衛側近の後藤隆之助らが組織していた政策集団「昭和研究会」系の左派人脈である。彼らは新体制が政治力を持つことでは武藤と同意見だったものの、同時に、政党や議会の存在には否定的であり、国民組織そのものによって政党や議会を代替し、政府と国民を直結する新しい政治体制を構想していた（山口浩志「昭和研究会と新体制準備会幹事会試案」『日本歴史』五九八号）。

さらに内務省も武藤の構想に反発した。内務省は既存の国内秩序を変革し、内務省の権能を侵害しかねない国民組織構想に難色を示し、内務省のコントロール下に置こうとした。武藤の上司である陸軍大臣東条英機も、新体制問題には武藤ほどの熱意を示さなかった。保守的な東条は急激な国内改革には慎重であり、武藤の行動をときに抑制した。

そして肝心の近衛も武藤の構想に対して冷淡だった。近衛は、武藤の構想は自分を軍のロボット化して操ろうとする陰謀だと見做した。そもそも武藤は近衛との接点をほとんど持っていなかった。武藤は永田によって引き上げられたその出自からも分かるように、「統制派」系の軍人であった。これに対して、近衛は陸軍では「皇道派」と親しく、「統制派」系の軍人には警戒心を抱いていた。「皇道派」系の鈴木貞一が近衛側近の地位を確立していたのに比し、武藤は近衛に面会するのさえ困難な状態であった。

結局、武藤の構想は近衛の受け入れるところとはならず、結果として出来上がった「大政翼賛会」は政治力を持たない公事結社とされ、武藤の望んだ強力な政治体制とは程遠いものになってしまうのである。

武藤が軍務局長として新体制運動に傾注している間にも、日中戦争の泥沼化は進んでいた。この頃には陸軍中央でも、参謀本部作戦課の堀場一雄のように、権益主義的な対中政策を抜本的に見直し、大規模な撤兵を実現しようとする勢力が現われる（堀場一雄『支那事変戦争指導史』）。しかし武藤は対中権益、駐兵権には強い拘りを見せ、大幅な対中妥協を忌避した（『金原節三業務日誌摘録』）。

この事実は、武藤が日中戦争を日本側の一方的な譲歩ではなく、飽くまで中国を屈服させる形で解決することを追及していたことを示している。武藤は日中戦争を〝意義あるもの〟として終結させることに拘ったのである。だからこそ武藤は、中国を屈服させうる国内態勢を求めて新体制運動に入れ込んだのである。

中国屈服の試みは外交面でも続けられた。一九四〇年、日本は援蔣ルートの遮断を目指して北部仏印に進駐、さらに日独伊三国同盟を締結する。しかし援蔣ルートの遮断には至らず、英国は対蔣援助を強化、米国は対日屑鉄輸出禁止の対抗措置を取る。

陸軍は対蔣援助を続ける英国を極東から排除する南方作戦の準備のため、軍事基地を確保すべく南部仏印への進駐を計画する。同計画は米国との関係悪化を恐れた松岡洋右外相の反対を受けるが、武藤はこれを推し進める。「松岡は今日も言うことを聞いてくれなかった。もう進駐だ。進駐」。一九四一年七月、日本は南部仏印に進駐する。松岡の懸念通り、米国は資産凍結と対日石油輸出全面禁止を断行した。

なぜ武藤は南部仏印進駐を強行したのだろうか。第一には、作戦上の理由がある。当時、陸軍は対英米戦争を決意していたわけではないが、もし開戦となった場合は南部仏印に軍事拠点を設けることが作戦上絶対に必要とされていた。換言すれば、純軍事的な問題が外交的問題より優先されてしまったのである。

第二には、これが決定的に重要であるが、当時、武藤を初めとして陸軍省部の誰もが、南部仏印進駐程度で米国がここまで大きな反発を示すとは考えていなかった。石井は次のように回想する。「たいへんお恥ずかしい次第だが、南部仏印に出ただけでは多少の反応は生じようが、祖国の命取りになるような事態は招くまいとの甘い希望的観測を包蔵しておった〔中略〕武藤も憂慮していなかった」。

米国の予想外の反応に武藤は苦悶することになる。石油の供給が止められたことは決定的な意味を持った。当時日本にはせいぜい二年程度の石油備蓄量しかなく、このままでは「自存自衛上積極的に行動し必要物資を力をもつて獲得せざるを得ない」。「その時は対英米軍事衝突の時期にして吾人は予め覚悟せざるべからず」(『金原節三業務日誌摘録』)。しかし米国の国力を知る武藤には対米戦争の決意はつきかねた。「日米戦えば、いかに考えてみても、研究してみても、日本に勝ち目はない。どうしたら、戦わずに済むかと、このところ心肝を砕く思いをしている。昨夜も、あれこれと思い悩むまま、遂に一睡も出来なかった」(矢次一九七三)。

対米戦争を避けるためには日米交渉による経済制裁の解除しかない。武藤は対米交渉妥結のために懸命に努力することになる。特に最強硬派であった参謀本部第一部長田中新一との内部折衝は悲壮なものであった。田中は対米交渉打ち切り、即時開戦決意を要求して武藤を難詰した。「アイツ〔田中〕になんぼう教えてやっても解らぬ。もう今日は、オレは戦争が嫌いだと言っておいた〔中略〕オレがこの椅子に着き静かに想を練って政策を推進しようと考えていたのに、アイツとの調整で精魂が尽きる。これでは何んにも出来ない」。強硬論者から罵詈雑言を浴びても、武藤は頑強に自身の立場を貫き、対米交渉に尽力した。

南部仏印進駐、サイゴン市内を進む銀輪部隊

しかしその武藤にしても、対米妥協には明確な限界があったことを軽視しては

ならないだろう。対米交渉で最大の障碍となったのが、中国への駐兵権の問題である。米国の要求に応じて中国から完全撤兵することは、日中戦争の意義を否定することになる。そのような条件を強硬派が認めるはずはなかったし、武藤自身も容易には承認しかねるものであった。そもそも現下の対米危機は、中国を屈服させるための施策が招いた結果であった。その対米危機を回避するために中国に屈服することになれば本末転倒である。この一点だけは、たとえ「天子様が譲れとおっしゃっても頑張ろう」と武藤は考えていた。

妥協に限界があった以上、小譲歩を小出しにしながら、米国の反応を見るしか武藤には方法が残されなかった。それは米国を到底納得させうるものではなかった。我々は歴史アクターをしばしば善悪二元論で理解しがちであるが、「善玉」とされる人間にも常に限界が存在したことに留意すべきだろう。たとえ田中ら強硬派の存在がなかったとしても、対米戦争回避は困難を極めたはずだ（この点では、日中戦争における石原も同様である）。武藤もそのことは認識しており、対米交渉に懸命に努力しつつも、「結局戦争になるものと達観」せざるをえなかった。そして戦争となれば、米国との戦争に「勝てる見込はない」こともよく理解していた（湯沢三千男『天井を蹴る』）。武藤は苦しかったはずである。石井は対米交渉に呻吟する武藤の様子を、「彼は本性に立ち還って強くなったと思うと、いつの間にか弱気となった。迷い抜き悩み続けて右往左往した」と伝えている。

太平洋戦争中、武藤は対米戦争が決定した時の心境を、矢次に対して次のように述懐している。「日米戦うべきか否か、もちろん戦うべきでない」。しかし譲りえる最大限まで譲歩してそれでも交渉がまとまらなかったときはどうするか。「戦うべきときに戦っていない国は、たとえ敗れなくても無条件で屈服した場合には、その国の民族が再起をしたという歴史はない。戦うべきときに戦って敗れても、そうした民族は後世必ず復活する〔中略〕将来日本民族がいつの日にか再起するときの一つの根性になり得るものであれば、もって瞑すべきだと考えた。それ以外になんにもない」。そして武藤は早期終戦を求めて重臣の間を駆け回ったという（中村隆英他編『現代史を創る人びと』四巻）。この武藤の辿り着いた境地を、一つの見識と考えるか、無責任と考えるかは見解の分かれるところだろう。

一九四二年、武藤は近衛師団長に転出し、スマトラに出征した。転出の理由ははっきりしない。しかし〝お茶坊主〟ばかりの東条の部下のなかで、唯一諫言する武藤の存在を東条が疎ましく思い出したことが原因と推測する同時代人の証言は多い。東条の秘書官をしていた西浦進が真偽不明の噂として伝えるところによれば、武藤が重臣の岡田啓介（海軍大将）を訪い、東条以外の人間が戦争を終結させるべきことを進言したことが、東条の怒りを買ったからだという（『西浦進氏談話速記録』下巻）。

さらに詳しく知るための参考文献

＊前講「鈴木貞一」と重複する文献は省略した。前講も参照されたい。

武藤章著、上法快男編『軍務局長武藤章回顧録』（芙蓉書房、一九八一）……武藤の遺稿である『比島から巣鴨へ』に関係者の回想などを交えて再構成したもの。武藤に関して最も基本的な文献。本講で出典を明記していない引用文は全て同書から。

矢次一夫『昭和動乱私史』上・中・下（経済往来社、一九七一・七一・七三）……武藤の盟友であり、「昭和のフィクサー」矢次一夫が回想を交えて昭和政治史を語った書物。武藤に関する記述も豊富。

矢次一夫「陸軍省軍務局の支配者」（『文藝春秋』三二巻一六号、一九五四）……矢次による武藤の追懐。

筒井清忠『昭和十年代の陸軍と政治』（岩波書店、二〇〇七）……武藤による広田内閣組閣介入や米内内閣倒閣工作に関する研究を含む。

第6講

石原莞爾——悲劇の鬼才か、鬼才による悲劇か

戸部良一

†思想・行動の多面性

昭和期の軍人で、研究や伝記的著作の対象として最もよく取り上げられるのは誰だろうか。海軍ならば山本五十六だろう。陸軍は東条英機や阿南惟幾などが候補に挙がるかもしれないが、秦郁彦によれば石原莞爾《いしわらかんじ》だという（『昭和史の軍人たち』文藝春秋、一九八二）。二〇〇五年以降の一〇年間に石原を題材として刊行された著作は四〇点に及ぶともいわれる（伊勢二〇一五）。

これほど石原が何度も取り上げられるのは、満州事変を引き起こした軍人としての逸脱的行動、日蓮信仰と結びついた独特の軍事思想と歴史観、退役後の献身的な東亜連盟運動など、彼の思想や行動が多面的で、そのなかに魅力的な——しばしば歴史的評価の難しい——部分が含まれているからだろう。以下では、できるだけ軍人としての石原に焦点を絞って、その特徴を

つかまえてみたい。

石原莞爾は一八八九(明治二二)年、父啓介(警察官)と母鉦井《かねい》の三男として山形県鶴岡に生まれた。彼のほかに九人の兄弟姉妹がいたが、多くが夭折し、男子では最年長となった。一九〇二年、仙台陸軍地方幼年学校に入校、そこで日露戦争に遭遇した。東京の中央幼年学校に進学し、山形の歩兵第三二連隊に配属された後、陸軍士官学校に入校した。抜群の知的能力を発揮したが、素行に問題があったせいか、卒業時に褒賞の対象とはならなかった。陸士第二一期生として卒業した後、福島県会津若松に新設された歩兵第六五連隊に配属され、一九一〇年には同連隊が第二師団の一部として韓国に駐箚《ちゅうさつ》することになった。そこで石原は韓国併合に際会し、また辛亥革命の報を聞いて快哉を叫んだという。

一九一五(大正四)年、陸軍大学校に入校(第三〇期)、卒業時には成績優秀により恩賜の軍刀を授かった。卒業後、原隊で短期間、中隊長を務めた後、教育総監部に勤務、次いで一九二〇年漢口の中支那派遣隊に配属された。中支那派遣隊では板垣征四郎と同僚になる。その後陸大教官に転じ、一九二三年から約三年間、軍事研究のためドイツ駐在となった。帰国後、再び陸大教官を務めている。

†世界最終戦と日蓮信仰

注目されるのは、一九二〇年代に地道な戦史研究を通じて世界最終戦論という独特の歴史観を持つようになったことであり、ほぼ同時期に日蓮宗の教学団体、国柱会の会員となったことである。しかもこの二つは密接に関連していた。

陸大以来の戦史研究によって石原は、戦争には「殲滅戦略」と「消耗戦略」（または「決勝戦争」と「持久戦争」）という二つの性質があり、それが歴史上、交互に発現すると分析した。フリードリヒ大王時代の消耗戦略のあとにナポレオンの殲滅戦略が現れ、第一次世界大戦は殲滅戦略から消耗戦略への過渡期であったから、次の大戦は消耗戦略になる、とされたのである。また、古代以来、戦闘隊形が「点」から「線」へ、さらに「線」から「面」へと進化してきたので、次の大戦は「体」になると予想された。主力兵器としての飛行機や潜水艦の登場がこの予想を裏づけていた。

石原莞爾（1889-1949）

興味深いのは、戦闘隊形が体となり、消耗戦略が主となる次の大戦が世界最終戦とされたこと、しかもそれが日米戦とされたことである。なぜ日米は戦わなければならないと考えられたのか。石原が研究を進めた時期に、日米関係の対立的側面が顕在化し、いずれアメリカとは衝突するかもしれないと憂慮されたからなのだろうか。石原は後に、東洋文明の代表としての日本と、西洋文明の代表としてのアメリカが、世界最終戦を戦うと述べている。こうした見方には、アメリカについての現状分析や将来予測の前に、必ずしもそれには裏づけられない何らかの確信あるいは信念があったように見受けられる。

そうした確信・信念を与えたものこそ、日蓮信仰であった。石原は後年、次のように述べている。長年にわたる軍人としての教育を受けた自分の国体観念は決して揺らぐことがないが、そうした教育を受けず徴兵されてくる青年たちに対して、どのようにしたら国体観念を植えつけることができるのか。この問題への答えを求め、様々な宗教や思想哲学を学んだなかから、最終的に日蓮に行き着いたのだ、と。

藤村安芸子によれば、石原にとっての問題は、多数の将兵を死地に赴かせ国家の犠牲となることを、どのようにしたら納得させられるのか、という軍人としてのあり方に関わっていた。さらに、その模索は国家のあり方や、それを裏づける真理や正義の探究に向かっていった（藤村二〇〇七）。そして、日蓮の教えは、石原の軍人としてのあり方に確信を与えただけではなく、その終末思想と予言を通じて、世界最終戦としての日米戦という彼の歴史観に宗教的あるいは道義的根拠を提供したのである。その後の石原の行動には、この独特の歴史観が一貫して作用することになる。

†満州事変

石原莞爾が歴史の表舞台に登場するのは満州事変である。一九二八（昭和三）年一〇月、歩兵中佐の石原は関東軍参謀として旅順に赴任する。張作霖爆殺事件の首謀者、河本大作の後任であった。張爆殺事件が爆殺だけに終わり、奉天軍閥政権制圧という本来の目的を達成できなかったことを反省し、作戦参謀としての石原は関東軍司令部内の意思統一を図るとともに、着々と武力行使による目的達成の準備を進めた。

彼の究極の目的は、持久戦争としての対米戦に備えるために満州全土を日本のコントロール下に置くことだったが、これについて同僚や上司の理解が得られたわけではない。だが、張学良政権の排日政策に対抗するため、何らかの機会に乗じて武力を発動し満州を制圧することについては、ほとんど異論がなかった。石原は、中国史家の稲葉君山やその師・内藤湖南にも教えを乞い、漢民族には国家統治の能力がないので、満州を日本が統治することは現地中国人の利益にもかなうとの結論を導き出した。

石原によれば、満州問題解決のために武力を発動するには、国家としての意思決定によることが最善であったが、それが不可能であれば、陸軍主導で謀略を用いてでも実行することが望ましかった。東京の陸軍中央が動かなければ、現地の関東軍が事件を作為し、陸軍と政府を動かすことも考えねばならなかった。実際には、この第三の選択肢、現地関東軍の謀略と独断専行によって満州事変は始まった。

関東軍では、石原と高級参謀の板垣征四郎を中心として謀議が進められた。一九三一年九月一八日夜、柳条湖付近の満鉄線路を爆破し、これを中国軍の仕業として関東軍は武力発動に踏み切った。石原の用意周到に準備された意見具申により、軍司令官本庄繁は軍司令部を旅順から奉天に進め、関東軍はすばやく満鉄沿線の主要都市を攻略した。さらに、現地の不穏な情勢を理由として、石原は吉林への派兵を進言した。吉林は満鉄の沿線ではなかったので、本庄は躊躇したが、結局は石原の意見を受け容れた。吉林の不穏な情勢は石原や板垣の意を受けた特務機関が扇動したものであった。吉林出兵のために、南満州の防備が手薄になったことを口実に、朝鮮軍は満州に援軍を送った。石原らのシナリオに基づく、朝鮮軍司令官林銑十郎の独断越境であった。こうして満州事変は、東京の不拡大方針にもかかわらず拡大の一途をたどってゆく。

同年一〇月、石原は偵察機に同乗し、張学良軍の反攻拠点となっていた満州西部の錦州を爆撃した。国際連盟で進んでいた対日妥協の動きを粉砕するためでもあった。一一月には、ソ連の介入を危惧して陸軍中央が北満進出を禁じていたにもかかわらず、嫩江《のんこう》の鉄橋修理を名目としてチチハルに迫った部隊を激励する石原の姿が見られた。

満州事変当時の司令官・参謀長である本庄繁・三宅光治を囲んで。前列左から３人目より多田駿・本庄・三宅・平田幸弘・石原（阿部2005上巻より）

†サクセス・ストーリーの主人公

満州事変で発揮された石原の機略は見事なものであった。事変勃発当時、張学良軍の主力は華北に駐屯していたが、満州には二十数万の奉天軍閥系の軍隊があった。これに対して、駐箚師団の第二師団を含む関東軍は一万数千でしかなく、一〇倍を上回る敵兵力と対峙していたのである。張学良が蔣介石の指示を受け、在満部隊に不抵抗を命じていたとはいえ、作戦参謀石原の計画と臨機応変の措置は、軍事的観点からすれば、評価に値した。しかも彼にとって参謀職は初めてだったのである。

しかしながら、石原の目論見どおりには運ばなかった重大事が一つある。それは、石原が満州全土の領有を目指していたのに対して、陸軍中央の理解と同意を得られなかったことである。武力発動には同調しても、その同調の多くは張学良政権に代わる親日政権樹立のレベルにとどまっていた。石原は、満州を独立国とすることで妥協せざるを得なかった。そして、独立国家樹立の工作を推進するなかで、石原は、漢民族に国家統治の能力なしという従来の見方を撤回する。彼は「民族協和」「王道政治」という新国家の理念の実現に情熱を注いだ。日本人は治外法権や満鉄付属地の行政権を返還し、在満諸民族と対等の立場で新国家建設に従事すべきである、とまで論じるようになった。

石原にとって、満州事変の究極の目的は、世界最終戦の対米戦争に備えるためであった。そうであるがゆえに、彼は事変に合わせて日本自体をも変革しようとする。事変によって対外的緊張を高め、その対外的危機を乗り越えるために国家システムの改造に進もうとしたのである。それは、当時の少壮将校たちが目指した国家改造の動きと軌を一にし、「昭和維新」とも称されるものであった。ただし、満州事変は日本の国内政治秩序を動揺させ流動化させはしたが、「昭和維新」がすぐさま実現したわけではなかった。

満州事変における石原の行為は、謀略による事件の演出、度重なる東京からの指示・命令無視、独断専行など、本来ならば処罰あるいは譴責の対象となるべきであった。石原自身、軍人を辞めることを考えていたといわれる。だが、満州事変と独立国家建設は当時の日本人から強い支持を受けるサクセス・ストーリーとなった。石原はその成功物語の主人公と見なされたのである。

一九三二年八月、石原は大佐に昇進し、関東軍を去った。その後間もなく国際連盟総会の全権代表随員を命じられ、ジュネーヴに行く。大した仕事はなく、激務の後の休養としての配慮があったのだろう。興味深いことに、以前のドイツ出張のときも、このときのジュネーヴ出張に際しても、その往復の途次、アメリカを訪れることはなかった。世界最終戦の相手を実見する機会をつくらなかったのである。

†二・二六事件への共感?

帰国後の翌年八月、第二師団に属する仙台の歩兵第四連隊長に任じられた。漢口勤務を除けば、一〇数年ぶりの部隊勤務であった。石原は現場の部隊勤務を好んだ。連隊長として、実戦的な訓練を心がけると同時に、兵士の福利厚生に配慮した。

当時、東京ではいわゆる統制派と皇道派との激しい陸軍派閥抗争が繰り広げられていた。派閥抗争を超越し、満州事変の英雄でもあった石原に対しては、両派から期待がかけられたようである。その期待もあって、一九三五年八月、石原は参謀本部作戦課長に就任する。初めての参謀本部勤務であった。その初登庁の日、統制派のリーダー永田鉄山軍務局長が相沢三郎中佐によって斬殺された。相沢は、仙台地方幼年学校で石原の一年後輩であった。その関係から、石原は相沢から軍法会議での特別弁護人を依頼され引き受けたが、その後に依頼が取り消されたという。

陰惨な派閥抗争は翌年、二・二六事件という反乱を引き起こしてしまう。石原の二・二六事件への関わりについては、当初から反乱討伐を主導したという「神話」が事件収拾直後に生まれた。だが、ことはそれほど単純ではなかったようである。

反乱軍の要求を容れて陸軍省職員が軍人会館を勤務場所としたとき、石原は参謀本部職員の勤務場所を偕行社とし、反乱部隊による参謀本部占拠を許した。過激な言動で知られた橋本欣五郎大佐が三島から上京してくると、皇道派の満井佐吉中佐をまじえ三人で事件収拾を話し合った。その結果、大赦を条件として反乱軍は撤退し、国体明徴、国防強化、国民生活安定の三項目を方針とする軍主導の革新政権をつくる、という収拾策が合意されたという。石原は、この三項目を含む昭和維新の大詔渙発を上司に具申したが、実現を見ることはなかった（筒井清忠『二・二六事件と青年将校』吉川弘文館、二〇一四）。

石原は、連隊長時代に兵士の留守家族の生活困窮に強い関心をいだいていたとされる。その点で、反乱軍の主張には共感するところがあったのだろう。また、反乱軍の掲げる「昭和維新」と石原の考える「昭和維新」との間には距離があったが、国家の根本的な変革をめざすという点では共通する部分があった。

だが、多くの人が強く印象づけられたのは、戒厳司令部参謀として反乱討伐に動いた石原の姿であった。やがて石原は反乱討伐の主導的人物と評価され、満州事変の英雄だったこともあり、その声望は高まってゆく。二・二六事件の結果、皇道派は凋落し、それ以外にも派閥的傾向が濃厚であった有力な軍人は陸軍から追い払われた。その間隙を縫って、やや大げさに言えば、陸軍には石原時代が訪れる。

石原はいわゆる組織人ではなく、陸軍を組織的にリードする人的ネットワークを構築したわけではない。ただし、二・二六事件後、陸軍が「粛軍」を標榜しつつ、政治への介入を強めると、石原はその先頭に立ったのである。

†石原時代

昭和維新をめざして石原がまず取り組んだのは長期的な国家戦略の策定である。これは一九三六年六月、彼の指導の下で「国防国策大綱」として成立した。この「大綱」では、ソ連の屈服に全力を傾注し、これを成し遂げたならば今度はソ連と協力してイギリスの勢力を東アジアから追放する、さらにソ英を屈服させた後、東アジア諸国（満州国と中国）と共同してアメリカとの「大決勝戦」に備える、というシナリオが描かれた。世界最終戦が日米戦争であることに変わりはないが、その前にソ連と戦うことが前提となったのである。

石原の世界最終戦論がこのような修正を必要としたのは、満州事変後にソ連が極東の軍備を大幅に増強したからであった。満州事変によって日本の軍事的脅威を痛切に感じたソ連は、極東地域の軍備増強に訴えた。国境の要塞地帯はトーチカの縦深陣地に強化され、在満州・朝鮮の日本軍陸上兵力は、在極東ソ連軍の三分の一以下となってしまった。しかも日本軍の対ソ劣勢はさらにひろがりつつあったのである。

石原は、対ソ軍備増強は当然のこととして、その基盤となる産業構造の転換を目指した。そのブレーンとなったのは、満鉄経済調査会の宮崎正義である。モスクワ留学の経験を持つ宮崎は、参謀本部の外郭機関として設立された日満財政経済研究会で、計画経済の手法を用いて重要産業五ヵ年計画を策定した。重工業部門の振興を骨子とする五ヵ年計画は強力な経済統制を必要とし、そうした経済統制のためには、これまた相応に強力な政治権力が必要であった。石原側近で労働運動出身の浅原健三は、一党独裁を実現する政治工作プランをつくっていたという。石原にとって、こうした構想と計画は、近い将来の対ソ戦に備えるためだけでなく、遠大な世界最終戦に備えるためのものでもあった。

しかし、強力な統制経済と独裁的な政治権力集中の構想は、財界・政党・宮廷を中心とした既成勢力の間に強い警戒を呼び起こした。一九三七年一月、広田弘毅内閣が総辞職した後を受けて宇垣一成に組閣の大命が降下したとき、陸軍はほぼ一体となって組閣を阻止したが、石原にとって宇垣内閣反対の最大の理由は、宇垣が既成勢力を結集して石原構想の実現を妨害するだろうと考えられたことにある。

宇垣内閣流産の後、林銑十郎に組閣の大命が下る。その組閣参謀として石原側近から、満鉄幹部であった十河《そごう》信二が送り込まれた。ところが、十河の推す板垣征四郎陸相案が受け容れられず、十河は憤然として組閣本部を去った。このあたりから、石原を中心とする満州関係者のグループ（満州派とも呼ばれた）は求心力を失い始める。もともと陸軍内にごく少数の石原信奉者はいたが、確固とした石原支持グループがあったわけではない。宮崎、浅原、十河といった外部の人間を重用する石原に対して陸軍内には不信感もあった。

対外策の面でも、石原の力は陰りを見せ始めた。関東軍が内蒙工作を推し進めて中国との関係をいたずらに緊張させていることを憂慮した石原は、満州国の首都・新京に飛んで、工作を止めさせようとした。ところが、関東軍参謀の武藤章に、満州事変時の貴官の行動を見習っているだけだと言い返され、石原は工作中止の目的を果たすことができなかった。

†日中戦争不拡大の挫折

一九三七年七月、盧溝橋事件が勃発したとき、石原は少将に昇進し作戦部長となっていた。

当時、参謀総長の閑院宮は皇族であり、参謀次長の今井清は重病で死に瀕していた。参謀本部のトップは事実上、石原だったのである。にもかかわらず石原は、支那事変（日中戦争）の拡大を阻止することができなかった。石原は、当面、満州国の育成に専念して対ソ戦に備えるべきであり、中国と事を構えれば泥沼のような長期戦に呑み込まれるばかりだ、と主張した。だが、陸軍の多数派は、武力によって中国を屈服させ、一撃を与えて懸案解決を図るべきだと論じ、石原の主張に同調しなかった。

蔣介石直系の中央軍が華北に向かって北上したという情報が入ると、華北に駐屯する日本軍と居留民を保護するため、作戦責任者としての石原は、日本内地からの出兵に踏み切らざるを得なかった。北京・天津地域が平定され華北の戦闘が一時的に沈静化したとき、石原は外交的措置による事変解決のため、首相の近衛文麿が南京に乗り込んで蔣介石と直談判するよう訴えた。しかし、出先軍の統制を危ぶむ内閣書記官長・風見章の意見により、この和平案は実行に移されなかった。

同年八月、戦火が上海に飛び火すると、石原は派兵に強硬に抵抗したが、海軍の出兵要求を受け容れなければならなかった。事変拡大を恐れるあまり兵力を小出しに派遣した（逐次投入）という批判にさらされた石原は、同年九月参謀本部を追われ、関東軍の参謀副長に転出することになった。

五年ぶりに戻ってきた満州は、しかし、石原の理想像からかけ離れていた。関東軍の内面指導と日系官吏の優越によって、「民族協和」「王道政治」の理念は実現されなかった。現状を変えようとする石原の試みは実を結ばなかった。このとき関東軍参謀長の東条英機との間に反目が生まれ、後々までそれは尾を引いた。

一九三八年八月、予備役編入願を出して帰国、二度目の満州勤務は一年に満たなかった。予備役編入は認められず、舞鶴要塞司令官という閑職をあてがわれた。翌年八月、中将となり京都の第一六師団長に就任したが、大東亜戦争（太平洋戦争）開戦前の一九四一年三月、退役した。

†東亜連盟

退役後の石原は、東亜連盟運動のために旺盛な著述と講演活動を展開する。退役直前の一九四〇年に刊行された『世界最終戦論』は一年で八〇版を重ねたという。緊迫する内外の情勢を前にして、国民の一部は、石原が掲げるヴィジョンに魅力を感じ期待を寄せたのだろう。

石原が東亜連盟という理念を表明したのは一九三三年頃であったとされる。それは、世界最終戦としての対米戦争に備えて東アジア諸国が対等の立場で結合するというねらいを持っていた。石原が対中関係の悪化を懸念して関東軍の内蒙工作にストップをかけようとしたり、また日中戦争の拡大を阻止しようとしたり、さらに関東軍参謀副長として満州国の現状を改革しようとしたのも、その根底には東亜連盟構想があった。

国防の共同、経済の一体化、政治の独立、文化の溝通をスローガンとした東亜連盟運動は、日中戦争の過程で日本が擁立した汪兆銘政権によって支持され、南京に東亜連盟中国総会が設立されるほどであった。運動は朝鮮人にも影響を与えた（松田利彦『東亜聯盟運動と朝鮮・朝鮮人』有志舎、二〇一五）。だが、日本国内では、国家連合思想を標榜する反国体運動であるとして、東条内閣のときに禁止された。

大戦中、故郷の山形に帰っていた石原は、敗戦後に運動を再開し、全国をまわって講演を続けた。敗戦によって彼の世界最終戦争論は破綻したはずだが、戦後は永久平和と農本主義を説き、日本の再生を訴えた。一九四九年、山形の開拓農場で石原は死去した。享年六〇歳であった。

石原は日本陸軍が生んだ鬼才の一人である。世界最終戦論はともかく、戦史研究では注目に値するユニークな歴史観を提示した。満州事変の計画と臨機応変の措置も、事変支持の立場に立てば、見事であった。東亜連盟論は、欧米に対抗する東アジア諸国の提携・協力の試みとして、当時にあっては、それなりの魅力を持っていた。

しかしながら、石原が誕生させた満州国は、理想を裏切って傀儡国家になってしまった。東亜連盟のために提携すべき相手と考えた中国との衝突を回避できず、紛争を拡大・長期化させた。対米戦は、できるだけ多くの関係国と手を組んで戦うべきはずだったのに、実際には日本単独でアメリカをはじめとする多数の連合国と戦う羽目になってしまった。

歴史が石原の事志とは違った方向をたどり、彼が挫折したことを、彼の信奉者や支持者は石原の「悲劇」と呼んだ。これに対して、北岡伸一は、日本が石原のような人物を持ったことこそ悲劇であると指摘している（北岡『日本の近代5　政党から軍部へ』中央公論新社、一九九九）。

昭和戦前期の日本の歴史は、石原莞爾という鬼才を見舞った悲劇の軌跡だったのか、それとも鬼才が引き起こした悲劇の結末だったのか。いまだに数多くの石原論が書かれているのは、そうした問いに対する答えが一筋縄では得られないことを示している。ただし、満州事変によって支那事変や大東亜戦争が必然となったわけではないにしても、石原が起こした事変のために、その後の日本の外交も内政も混迷を深めたことは否めないだろう。

さらに詳しく知るための参考文献

青江舜二郎『石原莞爾』（読売新聞社、一九七三／中公文庫、一九九二）……「宗教的武人」としての石原の魅力を、その欠点も含めて、巧みに描写した伝記。

阿部博行『石原莞爾――生涯とその時代』（上・下、法政大学出版局、二〇〇五）……石原と同郷の歴史家による堅実な伝記。石原の足跡を丁寧にたどっており、信頼性が高い。

石原莞爾『最終戦争論』『戦争史大観』（中公文庫、一九九三）……石原の著作の中で現在、最も入手し易いもの。石原の著作や関係資料については、角田順編『石原莞爾資料』全二巻（原書房、一九六七、六八）がある。これは「戦争史論」と「国防論策篇」から成り、後者は増補版が一九七一年に、新装版が一九九四年に刊行された。また、著作集としては、石原莞爾全集刊行会編『石原莞爾全集』全七巻（一九七六～一九七七）と玉井禮一郎編『石原莞爾選集』全一〇巻（たまいらぼ出版、一九九三）があるが、後者は妻の銻《てい》への書簡集が興味深い。

伊勢弘志『石原莞爾の変節と満州事変の錯誤――最終戦争論と日蓮主義信仰』（芙蓉書房、二〇一五）……若手の研究者による石原批判。

野村乙二朗『毅然たる孤独――石原莞爾の肖像』（同成社、二〇一二）……長年、石原研究に打ち込んできた研究者による評伝。軍人としてよりも思想家としての石原の魅力が伝わってくる。なお、野村には、『石原莞爾――一軍事イデオロギストの功罪』（同成社、一九九二）という研究もある。また、『東亜連盟期の石原莞爾資料』（同成社、二〇〇七）という資料集も編纂している。

秦郁彦『軍ファシズム運動史』（河出書房新社、一九六二／増補版、一九七二／新版、原書房、一九八〇／復刻新版、河出書房新社、二〇一二）……パイオニア的な石原研究の章を含んでいる。

福田和也『地ひらく――石原莞爾と昭和の夢』（文藝春秋、二〇〇一／上・下、文春文庫、二〇〇四）……石原を主人公として語った著者一流の昭和戦前史というべきか。

藤村安芸子『石原莞爾――愛と最終戦争』（講談社、二〇〇七／講談社学術文庫、二〇一七）……石原の思想に深く切り込んだ研究。妻銻への書簡が見事に活用されている。

マーク・R・ピーティ（大塚健洋ほか訳）『「日米対決」と石原莞爾』（たまいらぼ、一九九三）……外国人の手になる研究だが、今や石原研究の古典的作品といってもよい。

横山臣平『秘録　石原莞爾』（芙蓉書房出版、一九七一／新装版、一九九五）……石原と幼年学校、陸士、陸大の同期生による評伝。石原の正伝的位置を占めている。

第7講

牟田口廉也——信念と狂信の間

戸部良一

†盧溝橋事件

歴史上の人物についての評価は、一般に毀誉褒貶《きよほうへん》相半ばするものである。だが、これには数少ない例外がある。全面的に称賛される人物がいるかと思えば、一方的に非難される人物もいる。牟田口廉也《むたぐちれんや》は後者の典型と言えよう。

大東亜戦争の敗北後、軍人とりわけ陸軍軍人は開戦と敗戦の責任を問われ、厳しい批判の対象となった。しかし、牟田口は開戦の決定に直接関与したわけではない。戦争中の残虐行為の責任を問われたわけでもない。にもかかわらず牟田口は、軍人を含む多くの人びとから激しい非難と罵倒を浴びた。それもこれも、彼が甚大な被害を出したインパール作戦の責任者であったからにほかならない。以下では、この作戦に焦点を当てて、軍事組織の指揮官としての牟田口を解剖してみよう。

牟田口は一八八八年生まれ、佐賀県の出身で士族牟田口家の養嗣子である。佐賀中学、熊本地方幼年学校、中央幼年学校を経て、一九一一年に陸軍士官学校（二二期）を、一九一七年陸軍大学校を卒業した。

陸大卒業後、参謀本部、近衛師団（大隊長）、軍務局で勤務した後、半年間のフランス出張を経て再び参謀本部員となった。彼の出張中、東京では陸軍の革新を目指して少壮将校が一夕会なるグループを結成したが、帰国後、牟田口はそのメンバーとなる。同世代の少壮エリート軍人と同じく彼も政治に傾斜していった。

満州事変後、陸軍がいわゆる皇道派と統制派との派閥抗争に明け暮れるようになると、牟田口は皇道派に属し、一九三三年、参謀本部庶務課長に就任した。もともと皇道派には佐賀県出身者が多かった。皇道派の軍人は、どちらかと言えば精神主義に傾きがちだったが、その点でも牟田口は波長が合ったのかもしれない。だが、二・二六事件の結果、皇道派の勢力は一気に凋落する。牟田口も東京を追われ、支那駐屯軍の歩兵第一連隊長となった。

連隊長となって数カ月経った一九三六年九月、北平（北京）郊外の豊台で日中両軍の間に小競合いが生じた。牟田口は、中国側の謝罪と責任者の処罰を要求したが、「武士道的精神」により武装解除を要求しなかった。ところが、中国側では、武装解除を要求しなかったのは中国軍を恐れたからだとの噂が広まった。牟田口はこれを侮辱であるとして憤り、今後同じような事件が発生したならば即座に一撃を加え、「皇軍」の威信を傷つけることを許してはならないと部下に訓示した。

それから約一〇ヵ月後、またも北平郊外で日中両軍が衝突する。盧溝橋事件である。事態収拾を優先する旅団長の河辺正三《まさかず》は、中国軍に対する「膺懲《ようちょう》」を唱える部下の連隊長牟田口を持て余したようである。牟田口が独断で出した出撃命令を、河辺が追認せざるを得なくなることもあった。牟田口の行動によって盧溝橋事件が支那事変（日中戦争）に拡大したわけではないが、上官の意図にかかわらず、自ら正しいと思うことの実行に直進する彼の特異な性格は、このときすでにその姿を現していた。

牟田口廉也（1888-1966）

その後、牟田口は満州の第四軍の参謀長や予科士官学校長を歴任、一九四一年第一八師団長に就任した。大東亜戦争の緒戦段階で第一八師団はマレー作戦、シンガポール攻略戦に活躍したのち、ビルマ攻略戦にも従事した。牟田口は、緒戦の勝利に貢献し、軍功を挙げた。

†アッサム進攻構想

ビルマ攻略が予想よりも早く成功した後、南方軍は、その余勢を駆って東部インドに進攻する構想を立てた。その意見具申に基づいて大本営は一九四二年八月、作戦準備を指示する。しかし、この作戦（二一号作戦）の予定地域は、アラカン山系をはじめ険しい山岳地帯が南北に走って、二〇〇〇メートル・クラスの山が連なり、さらにチンドウィン河など大河が流れ、乾季でさえ河の幅は数百メートル、橋もない。交通網は貧弱であり、人口も希薄で食糧の調達は難しかった。しかも、五月から一〇月にかけての雨季には雨量が五〇〇〇ミリに達し、マラリア、アメーバ赤痢、デング熱などの悪疫が蔓延している。作戦担当を予定された第一八師団長の牟田口は、補給が困難であることと、準備が間に合わないことを指摘して、作戦に反対した。

このとき二一号作戦は実施保留となったが、その後、情勢が変わって、インド進攻作戦は再浮上する。まず、ガダルカナルからの撤退やアッツ島玉砕に示されているように戦局が悪化し、どの戦線でも日本軍は敗退を重ねるようになった。ビルマに関しては、インドでアメリカ式の装備と訓練を施された中国軍が北部のフーコン地区に進出し、東の雲南省からも中国軍が攻勢に出て、レド公路と呼ばれるインドと中国を結ぶ連絡路の建設が進んだ。制空権も連合国側が握り、前線の日本軍は、昼間に車両で移動することを避けるようになった。海路によってビルマに部隊や軍需物資を運ぶことも難しくなった。

ビルマ南西沿岸のアキャブには英印軍の進出が目立つようになった。また、一九四三年二月ウィンゲート将軍率いる遠距離挺身旅団がビルマ北西部に侵入し、日本軍の後方を攪乱した。この部隊は航空機による食糧や弾薬の補給を受け、日本軍はその討伐に苦労した。ウィンゲート旅団の行動により、それまで作戦行動困難と見なされてきた地域に敵が本格的反攻に出てくる可能性を無視できなくなった。

同年三月、南方軍の隷下にビルマ方面軍（以下、方面軍と略す）が新設された。方面軍は、ビルマの独立を控えて新国家の指導と、ビルマ全体の防衛を主な任務とした。方面軍の隷下では第一五軍がビルマ北部の防衛を担当することになった。方面軍司令官には河辺正三が、第一五軍司令官には牟田口が就任した。盧溝橋事件のときのコンビの復活である。このとき第一五軍の幕僚の大半が方面軍司令部に転出したため、第一五軍では牟田口がビルマのことを最もよく知っている存在となった。

牟田口は、ビルマ防衛のためには、守勢のままで敵の反攻を待ち受けるだけでは戦略的に不利であるとし、むしろ攻勢防御策を採用し、敵の反攻に先んじて急襲突進しその策源地インパールを攻略すべきだと主張した。問題は、牟田口がインパールにとどまらず、インドに深く侵入してアッサムにまで進攻することを目指していたことにある。牟田口は、かつて二一号作戦に反対したことを「必勝の信念」に悖る消極的な行為であったと悔やんでいた。さらに牟田口は、大東亜戦争につながる支那事変のきっかけをつくったのは自分であるから、この戦争を有利に終わらせるためにも、インドに進攻しなければならないと考えたのだという。

しかし、どのようにして戦争を終結させるかは、一介の軍司令官ではなくて大本営あるいは政府が考えるべきことであった。それに、たとえインド進攻に成功しても、それで有利な戦争終結に持ち込めるかどうかは甚だ疑問であった。

牟田口のアッサム進攻と急襲突進戦法に対して、軍司令部の幕僚たちはほとんど反対だったと言われている。一九四三年四月にメイミョーの軍司令部に指揮下の師団長たちを集めた会議で、牟田口の作戦計画を聞いた師団長たちは唖然として言葉を失ったという。だが、誰も面と向かって反対は唱えなかった。軍司令官の行き過ぎを抑えようとした軍参謀長の小畑信良は、就任後わずか二カ月で解任された。幕僚たちは何を言っても無駄だと沈黙を守るようになった。

その後も、牟田口は自らの作戦構想を機会あるごとに主張した。東条英機陸相（兼首相）に私信で訴えたともいう。方面軍高級参謀の片倉衷《ただし》によれば、牟田口は河辺方面軍司令官に涙を流しながらアッサム進攻を訴えたとされている。同年六月にラングーンで開かれた方面軍の兵棋演習でも牟田口は持論を展開した。それは、アッサム進出に移行することを目論んで、北に重点を指向しており、さらに補給や地形を軽視したものであった。これに対して、南方軍総参

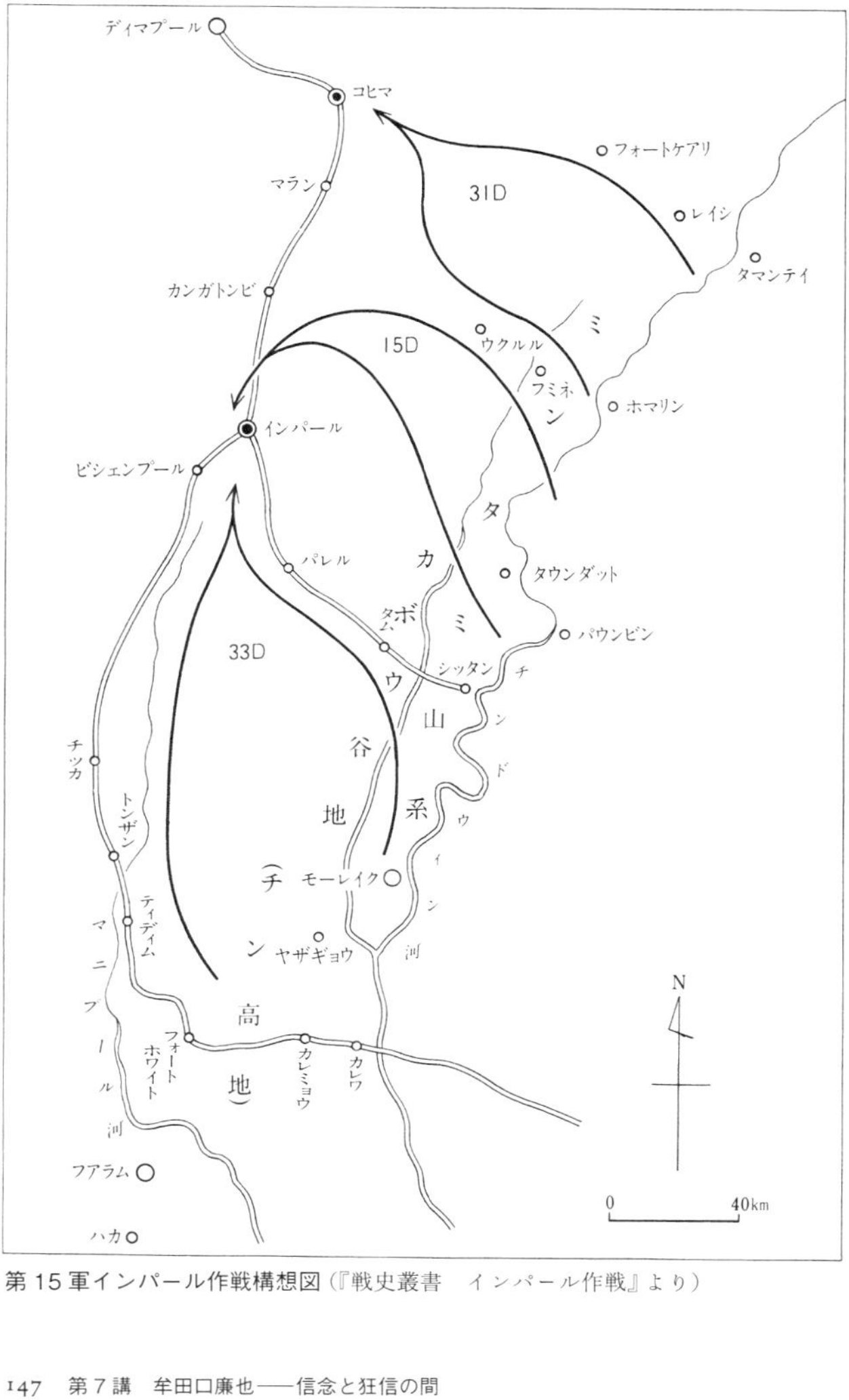

第15軍インパール作戦構想図(『戦史叢書　インパール作戦』より)

謀副長の稲田正純《まさずみ》や、方面軍参謀長の中《なか》永太郎は、攻勢防御の必要性は認めたものの、牟田口の構想には欠陥があるとし、次のように修正を要請した。作戦は、補給や地形を重視した堅実なものでなければならず、敵の反攻の策源地を攻略するという目的に限定されなければならない。そして、万が一、作戦が失敗したときのことも考慮して、適時に作戦を中止できるよう柔軟でなければならない。そのためには、南に重点を指向し、予備戦力を確保しておく必要がある、と（第15軍インパール作戦構想図、ビルマ方面軍の作戦構想図参照）。

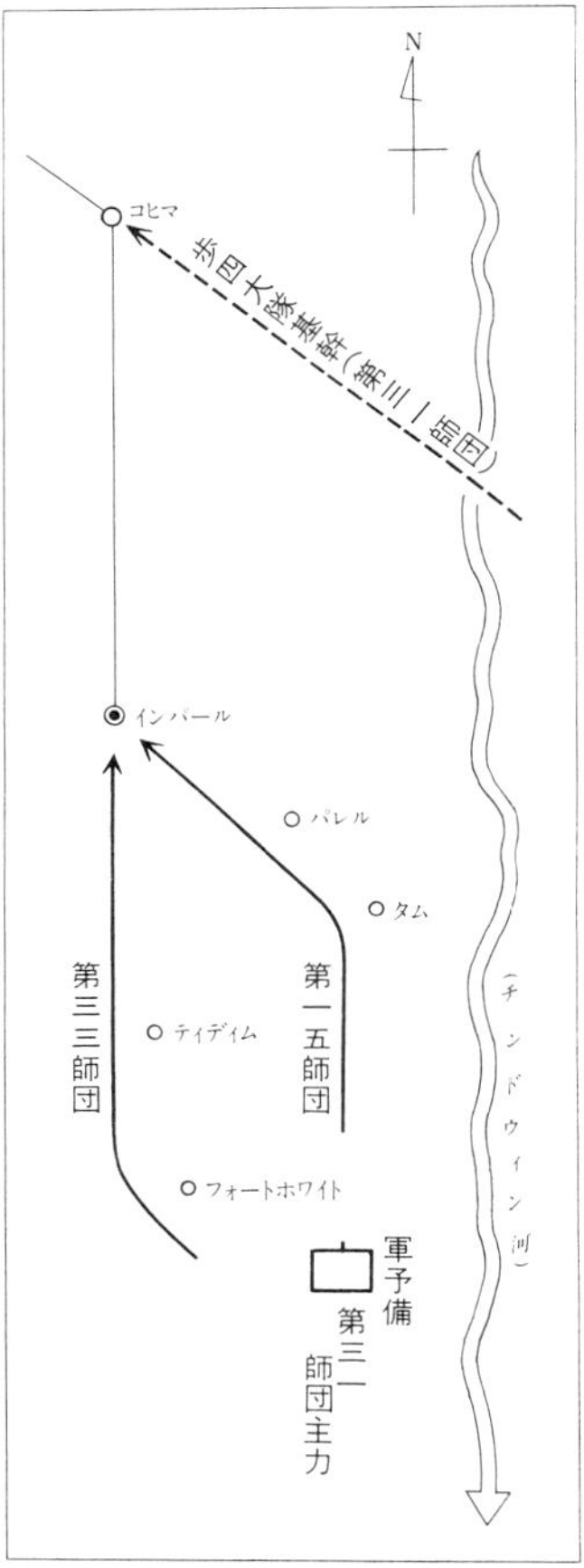

ビルマ方面軍の作戦構想図（『戦史叢書 インパール作戦』より）

牟田口軍司令官（一番左、NHK 取材班編 1995 より）

河辺方面軍司令官は、牟田口の作戦構想の危険性を指摘する中や片倉に対し、実戦部隊の積極性を損なうような指導は行うべきではないとして、その意見を受け容れなかった。牟田口は、義経になぞらえて鵯越戦法と呼ぶ作戦計画を修正しなかった。部下の幕僚たちは沈黙を守ったままだった。牟田口が強調し体現しようとしていたのは、必勝の信念、積極果敢といった当時の日本軍で最も高く位置づけられていた組織の価値理念であった。牟田口がその価値を奉じて作戦を実行すると言い募る以上、彼に反論し、抑制することは難しかったのだろう。

大本営は、ビルマの攻勢防御について南方軍、方面軍、第一五軍の間に合意が成立していることを踏まえ、インパール作戦（ウ号作戦）準備を指示した。もしこの作戦が成功すれば、連戦連敗の戦局に光がさすことになり、東条政権を支えることにもプラスになるだろうという政治的な思惑もあった。チャンドラ・ボースを首班とする自由インド仮政府をバックアップするという意味もあった。

大本営の指示を受けて南方軍は同年八月作戦準備を命じたが、そこでは作戦目的はビルマ防衛、目標はインパールと明示された。これを受けて方面軍は重点を南に指向せよと指示したが、しかし文言は曖昧であった。河辺方面軍司令官は、あまり細かく指導すると実施部隊のメンツを損なう、として明確な指示を出さなかった。そして牟田口の作戦計画はほとんど改められなかった。第一五軍の計画を最も危ぶんだ南方軍の稲田総参謀副長は人事異動で転出してしまった。

同年一二月に開かれた第一五軍の兵棋演習には、新任の南方軍総参謀副長綾部橘樹《きつじゅ》が同席した。綾部に同行した部下からは、杜撰な補給計画など作戦の危うさを指摘する声もあったが、綾部は、河辺方面軍司令官と協議したうえで、現地軍の攻勢意欲をそぐことは好ましくないとし、牟田口の計画に異を唱えなかった。その後、綾部は上京して大本営で作戦計画を説明し、大本営の承認を得た。

ウ号作戦は一九四四年三月八日に開始された。第三三師団が南からインパールを目指し、第一五師団がアラカン山系を越えて北から回り込んでインパールに向かうことになった。さらに

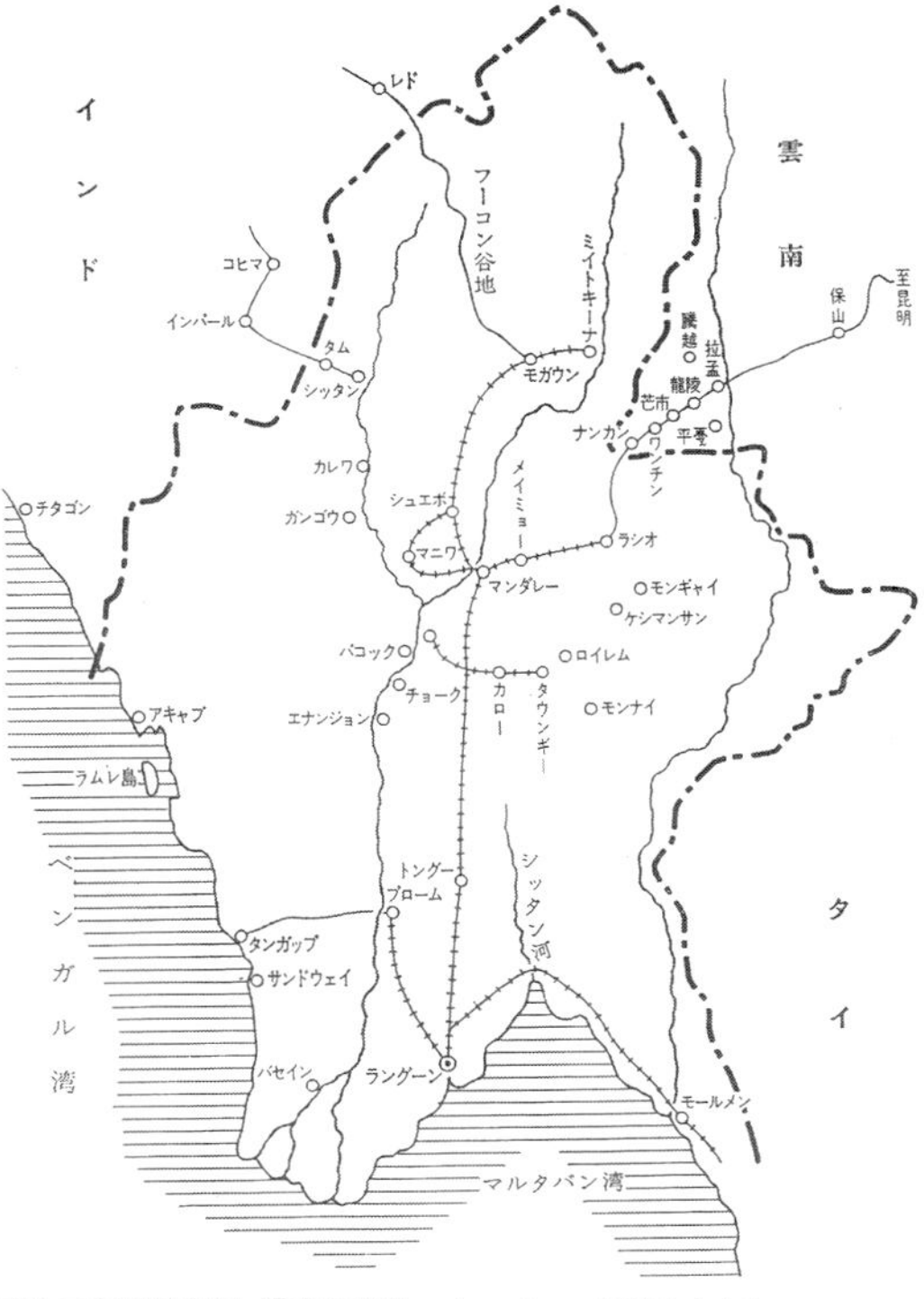

ビルマ主要地名図（『戦史叢書　インパール作戦』より）

その北で第三一師団がアラカン山系を越え、インパール北方のコヒマを目指した。アッサムにつながる要衝コヒマの攻略により、敵軍の来援を阻止することがねらいであった。

　ウ号作戦の開始直前、ウィンゲート率いる空挺部隊が再び第一五軍の

後方地域に降下してきた。この長距離挺身部隊は前年を数倍上回る規模のもので、第一五軍を混乱させた。ウィンゲート部隊討伐が先決だとしインパール作戦中止を勧告する意見もあったが、牟田口はこれを受け容れなかった。

ウィンゲート部隊による混乱を除けば、ウ号作戦は当初、うまく行っているように見えた。ただし、それは敵のスリム第一四軍司令官が、インパールから打って出る従来の攻勢作戦をやめ後退作戦に転換していたからである。スリムは日本軍をインパール近くに誘い込んで疲れさせ、補給線が伸び切ったところを攻撃しようとしていた。それでも、日本軍の急襲突進はスリムの予想を超え、英印軍を慌てさせたようである。

しかしながら、第一五軍の突進には限界があった。まず、補給に問題があった。部隊は三週間分の食糧と弾薬しか携行しなかった。牟田口が、一カ月でインパールが取れるので、それで十分だと主張したからである。牟田口によれば、追送補給が必要になるのはインパール攻略後であり、それまでは糧は敵による、とされた。

険しい山岳地帯を突進するため輸送車両に頼ることができず、運搬のために馬、牛、象が使われた。だが、牛は川を渡るとき多くが溺れたという。兵士は一人当たり四〇キロの食糧・弾薬を担いで山中を行軍した。そのうえ、しばしば重火器を分解して人力で運ばなければならなかった。そのため重火器の数量は極度に切り詰められた。したがって、いざ戦闘となると、重火器の数でも、弾薬の量でも、英印軍に圧倒されることになった。
動物輜重《しちょう》の利用や、食糧等の現地調達、鹵獲《ろかく》品の使用は、日本軍の常套手段であり、それまで成功を収めてきたものであった（美藤二〇一五）。その点からすれば、牟田口だけを責めるのは酷かもしれない。しかし、作戦計画段階で受けていた補給に関する警告に、牟田口が十分な考慮を割かなかったことは否定できない。

敵の戦力の過小評価も問題であった。日本軍には、開戦直後のマレー作戦で英印軍を圧倒した記憶が浸透していた。牟田口は、英印軍は中国軍よりも弱い、包囲されれば、すぐ手を上げる、と主張した。

実はウ号作戦開始前に、日本軍はアキャブ方面の敵を牽制するために再びそこで攻勢作戦を展開していた。日本軍は敵を簡単に包囲し殲滅するかに見えたが、包囲された敵は制空権を利し空中補給を受けて頑強に戦い続けた。包囲した敵に対し攻撃を繰り返すごとに日本軍の戦力は弱体化し、衰弱していった。ほぼ同じ現象は、ウィンゲート部隊に対する討伐作戦でも見られた。しかし、牟田口はじめ第一五軍はそこから少しも学ばなかったのである。

敵に制空権を握られていたことも重大であった。だが、牟田口は航空戦力をあまり重視しなかった。そもそも航空戦力を重視していたならば、インパール作戦は成り立たなかっただろう。この年、雨季が例年よりも早く始まり、日本軍を苦悩させたが、牟田口は雨季の到来はむしろ有利であると言った。敵は重火器のために動きがとれず、飛行機が飛ばなくなるというのがその理由であった。しかし、敵の重火器の威力は圧倒的であり、飛行機は雨でも飛んできた。そして日本軍の補給品集積地を攻撃し、ただでさえ乏しい補給をさらに乏しくしたのである。

軍司令部が現場の実態を把握しないことは、最も重大な問題だった。第一五軍の司令部は、避暑地のメイミョーにあったが、そこは前線から数百キロも離れていた。第一五軍が戦闘司令所を前線近くのインダンギーに進出させたのは四月二〇日で、作戦が始まってから四〇日以上も経っていた。

軍司令部の進出が遅れたのは、ウィンゲート部隊に対する対応に手間取ったためであるとされる。ただ、メイミョーには日本料亭があり、そこに牟田口のなじみの芸者がいたからだという噂もある。どこまでが事実か分からないが、そのために前線への進出が遅れたということはないだろう。

軍司令部が現場の実情を把握しなかった例を挙げてみよう。三月一五日、南から攻め上った第三三師団の一部は、敵陣を迂回して北のインパールにつながる道路を遮断した。第一五軍司令部は、これで敵を包囲殲滅できると沸き立った。しかし、包囲されたはずの敵は空中補給を受けて戦い続け、包囲したはずの日本軍は戦力を次第に消耗して撤退せざるを得なくなってしまう。牟田口はこれを怒り、必勝の信念に欠けると叱責した。

四月五日に、第三一師団の一部、宮崎支隊がコヒマに到達したことも過大に評価された。牟田口はすぐさまコヒマ北方のディマプール進撃を命じた。アッサム進出に移行することを意図したのである。しかしこの命令は方面軍からの注意があり、すぐ撤回された。実は、宮崎支隊はコヒマに到達しても、そこで激戦を戦いつつあり、コヒマを攻略したわけではなかったのである。そして宮崎支隊は、重火器と弾薬と食糧の不足のため戦力を消耗させてゆく。

インパール作戦では、参加三個師団の師団長全員が解任されるという前代未聞のことが起こっている。作戦開始以前から牟田口と師団長たちとの間には意思の疎通が欠けていた。牟田口をはじめ軍司令部は、前線の状況を把握せず、現場の実情を無視した無理な命令を出し続けた。牟田口は自分の考えに同調しない者の意見に耳を貸さず、遠ざけた。慎重な意見を述べる者を、消極的だ、臆病者だ、と叱責し罵倒した。

柳田元三第三三師団長は、急襲突進が実態に合わず雨季の到来とともにますます不利となるので、作戦を中止して守りやすいところに後退することを具申したが、それがたたって解任されてしまった。山内正文第一五師団長も、消極的であるとして解任された。佐藤幸徳第三一師団長は、ほとんど補給を受けないままで戦闘継続は不可能であるとし、軍命令に反して独断で撤退し更迭された。牟田口は佐藤を軍法会議にかけることを主張したが、河辺は佐藤の精神錯乱ということでこの抗命事件を処理した。

†中止決定の遅れ

インパール作戦で最も悲劇的だったのは、中止の決定が遅れたことである。そもそも第一五軍の作戦には、不測事態計画が欠けていた。つまり、作戦が計画どおりにうまく行かなくなった場合に発動すべきプランを持っていなかったのである。不測事態計画の必要性は、ウ号作戦の計画段階で、南方軍総参謀副長の稲田が何度も指摘していたことであった。しかし、牟田口は、そうした発想をことごとく退けた。失敗する場合や、負ける場合を考えるのは、「必勝の信念」に反すると考えたからである。失敗や敗北といった、あってほしくない事態は、あり得ないこととして計画が立てられた。したがって、計画で想定されていない事態が起きた場合、それに柔軟に対応することはできなかったのである。

インパール作戦の失敗がはっきりしてきた六月初め、河辺方面軍司令官は第一五軍の戦闘司令所に行って牟田口と会った。河辺は、もう作戦継続は無理だと思っていたが、当事者である牟田口から作戦中止を言い出すのを待って、何も言わなかったという。牟田口は、彼も作戦中止は避けられないと考えつつあったが、それを言い出すのをはばかり、河辺には自分の表情を見て分かってほしかったという。その直前、牟田口は従軍作家の火野葦平と会っている。そのとき牟田口は、インパール攻略は遅れてはいるが、まだ可能であると語っていた。

大本営では現地から作戦中止の意見具申が上がってくるのを待っていた。南方軍が要求して始めた作戦だから、南方軍から中止の要請が来るのがスジだと考えたからである。最終的に南方軍が大本営の了解を得て作戦中止を命じたのは七月初めであった。河辺が牟田口と会ってから一カ月が経っていた。

作戦中止が一日遅れれば、それだけ多くの犠牲者が出た。敗退する将兵は、乏しい食糧で飢えをしのぎながら、降り続く雨の中を、険しい山岳地帯を上り下りした。歩きやすい道路は敵の航空機に狙われるので、夜に歩くか、ジャングルを通らなければならなかった。雨のために道は泥濘と化し川は濁流となった。やがて多くの将兵が疲労と栄養不足のために、マラリアなどの風土病にかかり死んでいったのである。

資料によって数字のバラツキがあるが、チンドウィン河を渡った将兵は約六万、そのうち戦死・戦病死・行方不明者が二万を超え、生還した者の大半も傷を負い風土病に罹患していたという。敗北して将兵が撤退した道は、途中で息絶えた死体が、折からの雨と暑さのために腐敗が速く進み白骨化したので、白骨街道と呼ばれた。

作戦の失敗は、ビルマの北西部での敗北だけにはとどまらなかった。北部のフーコンでも、北東部の雲南省との国境地帯でも、南西部のアキャブ方面でも、日本軍は劣勢に追い込まれていた。ビルマの日本軍は、何よりもインパール作戦を優先して戦ったのだが、その失敗のために、北西部だけではなく、ビルマ全体の防衛が危うくなってしまったのである。

八月、インパールからの悲惨な敗走がまだ続いているとき、牟田口は河辺とともに現職を免じられ、本国に戻された。その後、予備役に編入されたが、予科士官学校長に再任されて終戦を迎えた。敗戦後に戦犯容疑で逮捕されシンガポールに送られたが、一九四八年には釈放されて帰国した。

†戦後の弁明

冒頭で述べたように、牟田口は戦後、無謀な作戦を実施して無益かつ甚大な犠牲を出したとして、きびしい非難と悪罵を浴びた。そうした非難に対し、彼は沈黙を守り弁明しようとはしなかった。ところが一九六二年、イギリス人がインパール戦史を執筆するに当たって牟田口に質問状を送ってきたことによって、彼の態度は一変する。その書状の中に、日本軍はコヒマで勝利目前だったのに、なぜディマプールに進撃しなかったのか、という質問があり、これを読んだ牟田口は、やっと自分の行動を理解してくれる人物に出会えたと思ったのである。その後、牟田口は、自らの作戦指導が戦理に適っていたことを主張するようになった。ディマプールに進撃しなかったのは、直属上官であった方面軍司令官の優柔不断のせいだと、彼を庇護した河辺を批判さえするようになった。

だが、牟田口を理解してくれたように見えたイギリス人の解釈には、重要な前提条件があった。日本軍もイギリス軍と同程度の火力を有し、同じように十分な糧食と弾薬の補給を受ける、という前提条件である（磯部一九八四）。もし、そうであったならば、ディマプール進撃も可能であり成功したかもしれない。しかし、宮崎支隊にはそうした火力はなく、補給もほとんど受けなかったのである。したがって、たとえディマプールに進撃したとしても、コヒマの戦いと同じように、そこで戦力を消耗してしまっただろう。

敵であったイギリス人の中に、ようやく自らの理解者を見出したと思った牟田口の感激は、幻想に近かった。牟田口は自らの弁明を印刷し、戦史研究者や戦記作家に理解を求めた。しかし、彼の求めに応える者はなかった。一九六六年、弁明を試み始めてから数年後、牟田口は死去した。

さらに詳しく知るための参考文献

荒川憲一「日本の戦争指導におけるビルマ戦線――インパール作戦を中心に」（防衛庁防衛研究所『平成一四年度戦争史研究国際フォーラム報告書』二〇〇三年三月）……インパール作戦と牟田口廉也に関する新しい切り口からの研究。

磯部卓男『インパール作戦――その体験と研究』（丸ノ内出版、一九八四）……インパール作戦に関する最も重厚な研究。筆者は作戦に参加した将校。

NHK取材班編『責任なき戦場　インパール（太平洋戦争　日本の敗因④）』（角川書店、一九九三／角川文庫、一九九五）……NHKテレビのシリーズ番組「ドキュメント太平洋戦争」を書籍化した六冊本の中の一冊。軍事政権下のミャンマーできわめて困難であった現地取材に基づいている。

秦郁彦『盧溝橋事件の研究』（東京大学出版会、一九九六）……盧溝橋事件当時の牟田口に関する鋭い考察がある。

戸部良一ほか『失敗の本質――日本軍の組織論的研究』（ダイヤモンド社、一九八四／中公文庫、一九九一）……日本軍の組織文化という観点からインパール作戦の失敗を分析している。

火野葦平『インパール作戦従軍記――葦平「従軍手帖」全文翻刻』（集英社、二〇一七）……従軍作家の日記が戦場（必ずしも前線ではないが）の雰囲気を見事に描写している。牟田口から聞き取った談話も貴重。

防衛庁防衛研修所戦史室『戦史叢書　インパール作戦――ビルマの防衛』（朝雲新聞社、一九六八）……インパール作戦についての最も基本的な文献。

丸山静雄『インパール作戦従軍記――一新聞記者の回想』（岩波新書、一九八四）……従軍記者の眼から見たインパール作戦。コンパクトで読み易い。

美藤哲平「日本陸軍の兵站思想とその限界――インパール作戦を中心に」（『軍事史学』第五一巻第三号、二〇一五年一二月）……糧食補給の面からインパール作戦を分析した研究。好論文である。

読売新聞社『昭和史の天皇』第九巻（読売新聞社、一九六九）……インパール作戦関係者のインタビューが貴重である。オーラル・ヒストリーのパイオニア的作品。牟田口の戦後の弁明についても詳しい。

第8講

今村 均——「ラバウルの名将」から見る日本陸軍の悲劇

渡邉公太

†キャリア形成

一八八六（明治一九）年六月二八日、後に「ラバウルの名将」と呼ばれる今村均《いまむらひとし》が、宮城県仙台区に生を受けた。父虎尾は仙台裁判所の判事であり、その祖先は代々仙台藩上士という家系だった。

幼少時代の今村は、夜尿症であったことから、慢性的な睡眠不足に悩まされていた。夜間に何度も尿意に襲われ、そのたびに目が覚めるが、翌朝になると布団を濡らしてしまい、母の清《きよ》見《み》にきつく叱られたという。

夜尿症による睡眠不足の影響か、小学校へ入学したばかりの今村は、学校になじめず、勉学にも集中できなかった。ところが三年生になった年に日清戦争が始まり、学校で担任の先生から軍歌を教わるうちに、今村は次第に学校が好きになった。他の科目にも積極的に取り組むようになり、努力の成果もあって、四年生に進級するときには優秀な成績を挙げるようになっていた。

小学生後半頃になると、今村は懇意にしていた熱心なキリスト教徒の知人に連れられて、よく教会の日曜学校へ通い、神父の説教を聞くようになる。当時はキリスト教への信仰というよりも、讃美歌の合唱や出席者に配られる絵カードなどに魅せられていたことが教会へ通う理由だったらしい。しかし後年、父の死や戦場での苦境を経験するたびに、幼い頃から聞かされていたキリストの教えを想起するようになった。そして太平洋戦争期には、戦場にも聖書を持参するほどの熱心な信者になっていた（洗礼は受けていない）。

優秀な成績で小学校を卒業した今村は、甲府中学校へ進学するが、父の仕事の都合で新発田《しばた》中学校へ編入し、同校を首席で卒業した。中学卒業後、今村は第一高等学校か高等商業学校への進学を目指して受験勉強に取り組んでいた。そのさなか、父虎尾の急死に接し、学費のかかる両校への進学を諦めざるを得なくなった。陸軍将校の娘であった母の勧めと、偶然青山で見た天覧閲兵式に感銘を受けたことから、今村は軍人になる決心をした。そして陸軍士官学校を受験し、見事合格を果たす。

士官候補生となった今村は、本格的に軍人としての道を歩み始めることになったが、当時の

今村均（1886-1968）

陸軍エリートの多くが幼年学校から士官学校へ進学していた中で、今村のように通常の中学校から入学するコースは必ずしも王道ではない。いわば「外様」でありながらも、今村は持ち前の努力でもって士官学校でも優秀な成績を収め、卒業した。そして一九一二（大正元）年からは、陸軍大学校へ入学し、さらなる研鑽を積むことになった。三年後、今村は同期の東条英機や本間雅晴らを抑え、首席で卒業したのである。

陸軍大学校卒業後は、歩兵隊隊長や陸軍省軍務局課員などを経た後、一九一八（大正七）年から同期の本間とともに、英国へ武官として駐在する機会を得た。折しも第一次世界大戦の終結と時期を同じくしていたことは、劇的に変化するヨーロッパ情勢を間近で観察しながら、日本の将来を考えることになったと思われる。

この時期、英国をはじめとするヨーロッパ先進国においては、最新の軍事兵器である戦車の発明・改良、偵察機の登場、無線電信電話の発達など、著しい軍事技術の進化が起こっていた。帰国後、今村はこうしたヨーロッパの軍事情勢を上層部へ報告したものの、日本で西洋のような技術革新を行うべきとの提案は採用されなかったようである。

日本の軍部内には、今村のように技術や組織の近代化を目指すべきとの声もあったが、経済・産業力の限界ゆえに徹底することができなかった。実際に第一次大戦後のデモクラシー下でなされた山梨軍縮や宇垣軍縮など一連の政策は、軍の近代化を目指しつつも十分な成果を挙げられなかったのみでなく、軍部内に不満を蓄積させる要因となった。加えてこの時期に日本社会における軍人の地位が軽んじられたことも、ルサンチマンの醸成につながった。昭和期、とりわけ満州事変以降に活発化する国家革新運動の背景には、大正期のこうした軍人たちの不満があったという事実を押さえておく必要があろう（筒井清忠『昭和戦前期の政党政治』ちくま新書、二〇一二。髙杉洋平「軍縮と軍人の社会的地位」筒井編『昭和史講義2』ちくま新書、二〇一六）。

†満州事変に際して

順調にエリート軍人としての道を歩んでいた頃、一九三一（昭和六）年九月に発生した満州事変は、今村を初めて歴史の表舞台に登場させることになった。

今村は事変勃発直前の八月、参謀本部内で最も重要な職の一つであった作戦課長に就任した。このとき今村は、建川美次第二部長より、「満州問題解決方策大綱」と題する文書を渡され、一カ月でこれに即した基本方針を立案するという任務を受けた。同大綱は、永田鉄山軍事課長をはじめとする五人の課長によって作成され、六月に建川へ提出されていた。その主な内容は、関東軍の軍事行動を警戒し、中国政府との外交交渉を進め、国内外の理解を得ながら満州問題に対処するという、参謀本部の慎重な態度を示したものだった。

参謀本部がこうした大綱およびそれに基づく基本方針の策定を目指したのには、第一次大戦以来の日中関係の悪化が背景にあった。大戦後、中国国内では排外ナショナリズムが高揚しており、同国に居住する日本人居留民も多くの被害を受けていた。日本が日露戦争で獲得した多大な権益を有する満州の地においても排日運動が激化していたため、現地の治安を守る関東軍は、中央の軟弱な姿勢を無視する形で、軍事行動も辞さない強硬手段で同地を制圧する計画を立てていた。こうした現地軍の動向を知った参謀本部は、深刻化する満州問題を穏健な形で処理する方法を検討していた。新任課長の今村が受けた仕事は、参謀本部の満州政策のあり方を決定するものであり、極めて重要な意義を有していたのである。

約一カ月の検討を経て、今村は建川へ基本方針に関する意見書を提出した。その主旨は、満州での用兵の際、北方からのソ連の実力行動を想定し、日本の防衛態勢の準備を確立すること、そして満州での有事対応にあたっては、あらかじめ欧米列国からの同意を取りつける、などであった。ここから読み取れる今村の基本的な安全保障認識は、対ソ脅威への警戒と欧米協調という、明治以降の陸軍の伝統に沿ったものだった。

だがこの意見書が提出された直後の九月一八日、関東軍の独断専行による柳条湖事件が発生したため、今村ら参謀本部の満州問題解決の方針は立ち消えとなった。今村はこれまでの参謀本部の立場を踏まえながら、張学良政権との外交交渉を優先し、現地関東軍の独断行動を抑え、軍部内の統制を図ろうとした。しかしこの後も現地軍の計画的な軍事行動は進展し、二一日になると、林銑十郎朝鮮軍司令官が独断で第三九旅団を満州へ送り込む事態となった。中央の同意を得ずして行われたこの朝鮮軍越境問題は、枢密院でも問題視され、昭和天皇や石井菊次郎顧問官から、政府や参謀本部に対する批判がなされるなどした。

一方、国内でも関東軍と連動してクーデターを起こそうとする、桜会らによる水面下での動きが活発となっていた。軍部内の過激な動きを知った今村は、クーデターを未然に阻止すべく、南次郎陸相へ働きかけた。さらに政友会幹部との満蒙問題に関する意見交換の場では、山本悌二郎ら政友会側から倒閣に向けての参謀本部の協力を要請されるが、今村は満蒙問題と倒閣とは別問題であるとして拒否した（菅谷幸浩「満洲事変期における政界再編成問題と対外政策」『国史学』一九四号）。このように、今村は現地軍の独断行動や事変を利用した政変には終始否定的であり、あくまで軍中央と内閣とによる統制のもと、事変の早期解決を目指していたのだった。

一二月、事変解決の目途が立たない中、若槻礼次郎民政党内閣が総辞職し、代わって犬養毅政友会内閣が発足した。陸軍内では、永田ら一夕会の働きかけもあり、荒木貞夫が新陸相に就任する。荒木は、皇道派と呼ばれる自らに近い立場の人物を重用する人事を敢行し、軍部内に

「荒木旋風」を巻き起こした。今村も荒木人事によって歩兵第五七連隊長に異動させられ、後任の作戦課長には荒木の腹心だった小畑敏四郎が据えられた。これ以後、今村は省部の中枢に戻ることはなく、戦場指導者として日中・太平洋戦争を迎えることになる。

このように、満州事変期の今村は、一貫して軍部内の統制を図っていたことがわかる。だが今村の努力もむなしく、結果として事変後の軍部内の統制はさらなる困難に陥ってしまう。今村は後年、事変後の軍部内に下克上的な行動が常態化したことについて、事変関係者をその後も統制の地位に置き続けたことにあると振り返るが、まさしく当時の軍部が抱えていた問題を的確に指摘しているといえる。

†日中戦争での戦場指揮

一九三七（昭和一二）年七月、日中間の偶発的な衝突事件である盧溝橋事件をきっかけに、日中戦争が始まった。この後の太平洋戦争も含め、日本は約八年間におよぶ長期戦に臨むことになる。そして今村は、満州事変期とは異なり、軍令・軍政部門ではなく、戦場の指揮官として独自の活動を展開していくことになる。

日中戦争で今村が指揮した大規模な戦闘としては、一九三九（昭和一四）年一一月からの南《なん》寧《ねい》作戦がある。これは日中戦争が勃発当初の予想に反して長期化する段階に至り、中国の対日抗戦の後ろ盾となっていた連合国からの支援、とりわけ仏印ルートから中国内陸部への支援を遮断することを目的とした軍事作戦だった。

この軍事作戦の端緒は、仏印からの対中支援が増大していた同年四月、海軍側から南寧を攻略し、同地を通過する貿易ルートを遮断し、蔣介石政府の本部がある奥地へ向けての海軍航空基地にするべきとの提案がなされたことにある。これに対して陸軍側は、五月から満州とモンゴル国境で発生したノモンハン戦に忙殺されていたことから、南方での大規模作戦には消極的態度をとっていた。だが参謀本部第四部長に就任したばかりの富永恭次の強い説得もあって、ノモンハン戦のために北支から満州へ移動していた第五師団（師団長・今村）を、南寧作戦に利用することを決定したのだった。

最終的に陸軍が南寧作戦実施に乗り出すことになった背景には、九月からヨーロッパで第二次世界大戦の火蓋が切って落とされたことで、英仏ら主要列国がアジアに関心を払う余裕がなくなろうとしていたことも影響していた。すなわち、ヨーロッパ大戦を利用して戦線を東南アジア近辺へと拡大させる南寧作戦が正当性を有するようになり、一一月から実行に移されたのである（防衛庁防衛研修所戦史室『戦史叢書　支那事変陸軍作戦〈三〉』朝雲新聞社、一九七五）。

一一月一五日、第五師団と台湾混成旅団（旅団長・塩田定七）が欽州湾に上陸し、早くも二四日には南寧を占領した。このとき、一二月上旬になると約一〇万人の蔣介石直系軍が南寧方面へ前進してくるとの情報が入るが、今村はこれを偽情報として退けた。すると一二月一七日より、中国の大軍が押し寄せ、その思わぬ大兵力に第五師団は苦境に陥ることになった。今村は予備の一個連隊でもって中国軍の背後から迂回攻撃を行い、防衛態勢を再編しようと計画した。が、一二月末に広東から到着した根本博第二一軍参謀長や佐藤賢了同参謀副長らが、攻撃に固執する今村の計画を抑え、南寧周辺の専守防禦にあたるように指示した。翌年一月、第一八師団と近衛師団の増援部隊が到着すると、これら増援部隊は賓陽《ひんよう》付近の中国軍へ反撃を行い、退却させた。こうして日本軍は、南寧を占領することに成功したのだった。

なおこの直後、中国側が百色《ひやくしよく》と昆明《こんめい》を通る援助ルートをそれぞれ開発したため、南寧の意義は失われてしまった。すると同地を占領していた第二二軍も、一九四〇年一一月にこれを放棄することを決定したのである（秦郁彦『日中戦争史』原書房、一九七九）。

戦後、今村はこの南寧作戦が成功した時点こそ、日中終戦の絶好の機会だったと振り返っている。日露戦争や一九二八年の済南事件などの教訓からして、他国への軍隊派遣は、その撤退時期の決定が極めて重要であることを今村は認識していた。確かに今村の言うように、南寧作戦終了後も延々と中国各地に軍隊を駐留させ、中国軍との終わりの見えない戦闘を継続したことで、日本は破滅への道を自ら歩み続けたといえる。そして一九四〇年九月になると、その軍隊派遣の範囲を東南アジアにまで延ばし（北部仏印進駐）、さらに戦線を拡大することになった。

この東南アジアへの進駐は、必然的に米英蘭ら、連合国とのさらなる対立を呼び寄せることになるのであった。

†太平洋戦争下の占領統治政策

日本時間の一九四一（昭和一六）年一二月八日、日本海軍連合艦隊がハワイ真珠湾の米海軍基地を奇襲、ここに太平洋戦争が始まった。もっとも真珠湾奇襲の直前、日本軍はすでに英領マレーへの軍事進攻を実施していた。いわば日本は太平洋方面と同時に、東南アジア方面での対連合国戦争を開始していたのである。

日本軍が東南アジアへ進攻したのは、同地にある豊富な資源を獲得し、連合国との決戦に備えるためだった。特に石油などの戦争遂行に不可欠な資源は、その大部分を米国からの輸入に依存していたため、早期かつ大量に代替を調達すべく、東南アジアに埋蔵されている資源に注目したのである。

日本国内では、太平洋戦争開戦以前より、すでに東南アジアへ軍事進攻を行い、必要な戦争物資を調達すると同時に、ヨーロッパ植民地を解放し、同地に軍政を敷くことが論議されていた。このとき軍政の基本方針として策定されたのが、真珠湾奇襲直前の一一月二〇日、大本営・政府間連絡会議で決定された「南方占領地域行政実施要領」である。この要領の内容は全一〇項目におよび、軍政の基本方針として、「占領地に対しては差し当たり軍政を実施し、治安の回復、重要国防資源の急速獲得…〔後略〕」と定めている（『戦史叢書　大本営陸軍部大東亜戦争開戦経緯〈五〉』）。太平洋戦争開戦以後、次々と定められていく軍政関係の諸政策は、いずれもこの要領に基づいて策定されていた。

一九四二年に入ると、日本の東南アジア方面での軍事作戦はより本格化し、マレーに続いてオランダ領インドネシアが目標とされた。この蘭印作戦を担当することになった第一六軍（司令官・今村）は、三月一日にジャワへ上陸すると、わずか九日間でオランダ軍を降伏させた。そして今村司令官が指揮する本隊がジャカルタへ入城すると、すぐさま布告を発し、同地に軍政を敷くことが宣言された。

「今村将軍万歳」でインドネシアの学童に迎えられる今村（『幽囚回顧録』より）

同年一一月以降、今村は第八方面軍司令官として、ラバウルでの軍政指揮に異動した。ラバウルの地は、日本軍がソロモン諸島の制空権を獲得するために航空基地を設置していたガダルカナル島と近接していた。周知のように、ガダルカナル島での米軍との戦闘は激烈を極め、日本軍は泥沼の死闘を繰り広げることになる。ラバウルはこのガダルカナル戦のための兵站基地として、重要な役割を有していたのであった。こうして太平洋戦争終結まで今村が指揮したラバウル軍政は、後年に今村が「ラバウルの名将」と呼ばれる所以となった。

こうしたジャワやラバウルの統治を行うにあたって、今村は現地住民の対日感情を刺激しないよう、極めて寛大な諸政策を実施していった。第一六軍軍政監部として今村軍政を間近で観察していた外交官の斎藤鎮男は、その特徴を以下のように指摘している（斎藤鎮男『私の軍政記』日本インドネシア協会、一九七七）。

①オランダ人民間技術者の積極的利用……政府企業や敵産農園の管理。
②寛大なオランダ人抑留方式の採用……オランダ人用「居留地」を設置し、そこでの生活を可能な限り制限しない。
③行政、制度、施設の現状維持……旧蘭印時代の地方組織を踏襲し、インドネシアを「州」「県」「村」および「士侯地（ジョクジャカルタとソロ）」で構成、州知事には日本人、県知事以下には現地人を採用する。時代が下ると、できるだけ現地人を軍政に参加させるとの方

針から、州知事にも現地人が任命されるようになる。

④民族運動に対する寛容……民族主義運動家のスカルノやモハマッド・ハッタに軍政への積極的協力を要請。

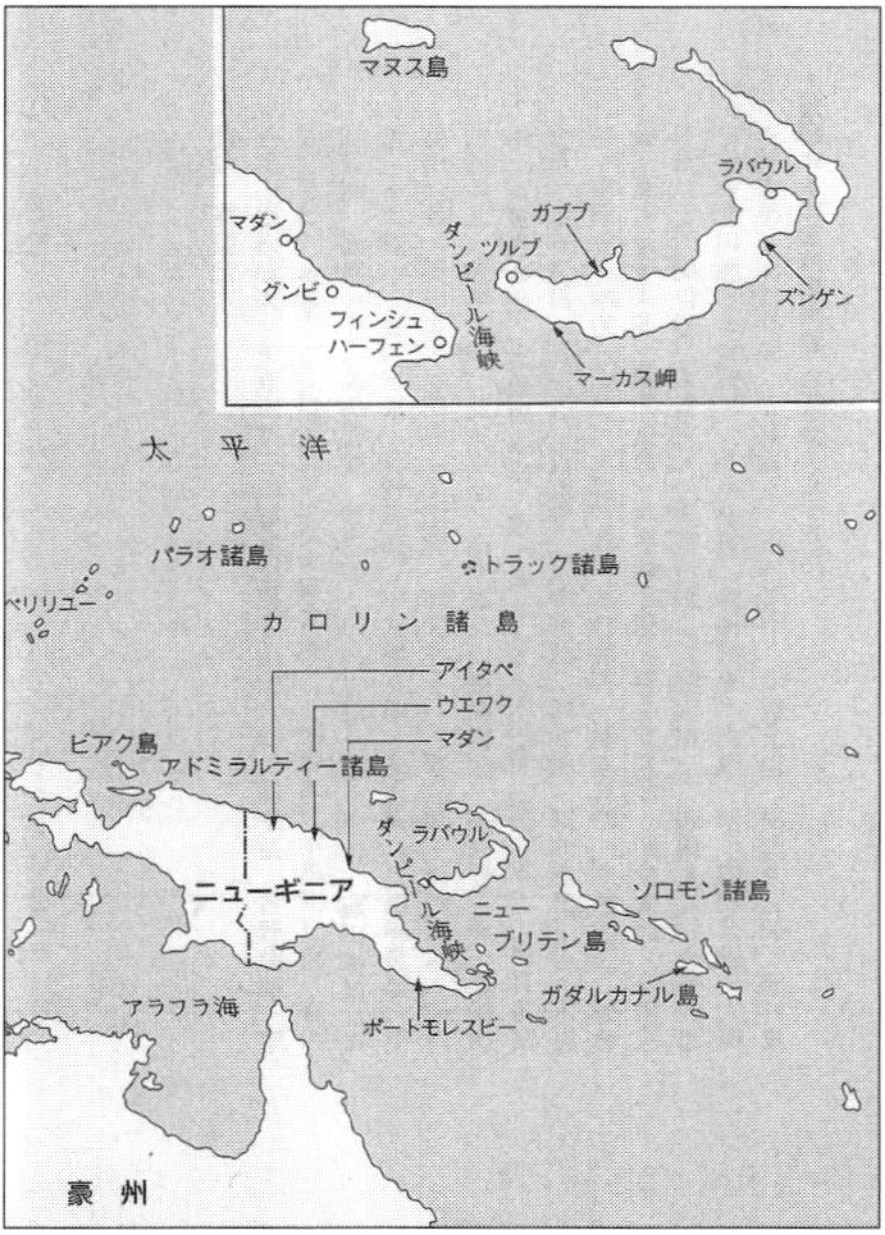

ラバウル周辺図（角田 2006 より）

こうした現地人を優遇する今村軍政に対しては、日本の軍部内から批判を呼んだ一方で、現地人からは高く評価され、戦後の独立運動へつながる民族指導者を育成することにもつながった。

さらに今村軍政では、現地人の人心掌握の一環として、宣伝活動も行われた。第一六軍では、インドネシア民衆へ向けた文化宣伝のための組織として、当時の著名な文化人たちで構成される宣伝班が編成された。町田敬二班長のもと、大宅壮一、武田麟太郎、阿部知二、富沢有為男、浅野晃、北原武夫、大木惇夫、清水宣雄、松井翠声、横山隆一らが宣伝班のメンバーだった。彼らの活動目的は、インドネシア住民と日本軍との間の仲介役として、積極的な文化交流を図ることにあった（町田敬二『戦う文化部隊』原書房、一九六七）。

やがて戦局が進展すると、連合国によってガダルカナル島が落とされ、ラバウルに激しい爆撃がなされる。すると今村は、自らも部下や現地人、捕虜たちともに土地を耕作し、非常食を備蓄し、地下要塞を構築していった。いざという際の「自給自足」を準備していたことは、今村が先を見据えた合理的判断力と行動力の持ち主であったことを物語る。こうして今村の人道的な軍政は、現地住民や部下将校、そして後に敵軍たちからも絶大な称賛を受けることになるのだった。

†敗戦の将として

一九四五（昭和二〇）年八月一五日、日本はポツダム宣言受諾を決定し、八年におよぶ大戦争が終結した。同時に日本が占領していたアジア各地は連合国によって解放され、現地指揮を執っていた日本軍将校たちの多くは、連合国による戦犯裁判によってその責任を追及されることなった。

ジャワ・ラバウル軍政を指揮していた今村は、降伏が決定した際、部下将校たちに向って、責任は司令官である自身がすべて負うこと、各級指揮官は出過ぎたこと（自決）をしないように厳命した。ここにも今村の部下の生命を重んじる姿勢が見て取れる。今村自身は司令官として自ら責任をとるべく服毒自殺を図るが、毒薬等はすべて連合軍に接収されていたため、実行には至らなかった（松浦義教『真相を訴える』元就出版社、一九九七）。

降伏後の今村は、オーストラリア軍の戦犯裁判によって処分される身となる。裁判が始まってからも、今村は自身の責任逃れをするようなことはしなかったが、部下たちがいわれのない罪状で裁かれることに対しては、獄中から必死の抵抗を続けた。今村としては、国家のために戦い、傷ついた兵士たちが、終戦後も勝者による一方的な裁きで罪人扱いされることには納得がいかなかった。後に今村は、忠実に命令に従っただけの下士官を犯罪者として裁いた戦犯裁判を、激しく批判している。

当初は死刑判決を受ける予定だった今村に対しては、現地住民からの支援もあり、一九四七年五月、禁固一〇年の刑が言い渡された。一九四九年に巣鴨拘置所への移送が決まり、今村は一度帰国することになった。だが依然として環境の劣悪な現地刑務所に拘留されたままの部下を慮った今村は、家族の反対を制し、マッカーサー連合国司令官へ自らをマヌス島刑務所（パプアニューギニア）へ収容するように直訴した。今村の部下を思う姿勢に感銘を受けたマッカーサーは、すぐに許可を出し、今村は再び南太平洋刑務所の過酷な環境で服役することになった。自ら厳しい境遇に身を置くことを決意した今村を、現地刑務所で服役中の約四〇〇名の戦犯たちは歓声をもって迎えた。そして今村は、戦犯として苦しい労働を強いられていた部下たちを励ますべく、刑務所内で英語などを教える青空教室を開き、さらなる尊敬を集めることになった。

一九五三（昭和二八）年、刑期を満了した今村は、母国日本へ帰還し、自宅の隅に小屋を建てて閉じこもった。そこでの質素な生活を続けつつ、思索や執筆に余生を費やすことで、敗戦の指揮官としての責任を全うしようと考えたのであろう。

以上のように、高貴な人格と毅然とした姿勢によって、今村は現在に至るまで国内外から高い評価を集める存在となった。「名将」と呼ばれた今村ではあったが、必ずしも帝国陸軍内の主流派に位置していたわけではなく、特に日中・太平洋戦争期においては軍令・軍政部門とは無縁だった。キリスト教信仰、陸軍幼年学校を経ずして通常の中学校からの陸軍士官学校への進学、英国への駐在経験など、当時の陸軍内で特異でさえあった今村だからこそ、軍令・軍政部門で出世することなく、戦場指揮官としての名声を集めるようになるという、ある種の皮肉を体現することになったのだろう。有能な人材を、そのバックグラウンドにとらわれることなく、いかにして適所に配置して能力を最大限に発揮させるかは、軍隊・官僚組織を維持する上で必要不可欠だったはずである。当時の軍部がそれを欠いていたことは、今村個人というよりも、日本国全体の悲劇につながったと考えることもできるのではなかろうか。

さらに詳しく知るための参考文献

＊今村は戦後、数多くの書籍や論考を残しているため、まずはそれらに接するのがよい。その多くは何度も版を重ね、タイトルも変更されている。

『今村均大将回想録』全四巻（「檻の中の獏」「皇族と下士官」「大激戦」「戦い終る」）（自由アジア社、一九六〇）

『今村均大将回想録　別冊青春編』全三巻（「河童の二三」「健忘症」「乃木大将」）（自由アジア社、一九六一）

『幽囚回顧録』（秋田書店、一九六六）。後に『我ら戦争犯罪人にあらず』（産経新聞出版、二〇一〇）。

『私記・一軍人六十年の哀歓』（芙蓉書房、一九七〇）。後に『今村均回顧録』（芙蓉書房、一九八〇、新装版一九九三）

『一軍人六十年の哀歓　続』（芙蓉書房、一九七一）。後に『続・今村均回顧録』（芙蓉書房、一九八〇、新装版一九九三）

「政治談話録音　今村均」（国立国会図書館憲政資料室所蔵）……貴重な今村のオーラルヒストリーであり、上記回顧録を補完する上で有用である。

＊上記回顧録を基に今村の生涯を描いたノンフィクション作品として、以下のものがある。本格的な今村研究はいまだなされておらず、今後の進展が待たれる。

秋永芳郎『将軍の十字架――陸軍大将今村均の生涯』（光人社、一九八〇／『陸軍大将今村均――人間愛をもって統率した将軍の生涯』光人社NF文庫、二〇一六）

角田房子『責任――ラバウルの将軍今村均』（新潮社、一九八四／ちくま文庫、二〇〇六）

土門周平『陸軍大将・今村均』（PHP研究所、二〇〇三）

第9講

山本五十六――その避戦構想と挫折

畑野　勇

†山本の発言をめぐる多くの謎

近年、全一一巻の予定で刊行が続いている『海軍反省会』シリーズには、主として一九八〇年代に旧海軍の佐官級OBが一三〇回以上にわたって開催した会合での報告や討論が記録されている。その第六四回の会合記録（第八巻に所収）中の「山本五十六《やまもといそろく》の『妥協』」と題する節において、一九四〇年九月の日独伊三国同盟締結時における山本五十六の言動に関する、注目すべき議論が見られる。

同盟締結決定に際して、連合艦隊司令長官だった山本が柱島から上京し、帰隊して後に話した内容が保科善四郎（海兵四一期・当時戦艦「陸奥」艦長）によってメモされていた。会合中に寺崎隆治（海兵五〇期）はその内容について、保科に「あれ、どういうふうに感じましたか。支那事変処理に有利だろうって、ちょっと書いてあった」と尋ね、保科は「うーん、三国同盟の、山本さんは、やっぱり、最後までね、やるべきじゃないという、そういう考え」と返答したが、大井篤（海兵五〇期）はそのメモの内容に強く反応し、今までとにかく同盟締結に反対したといわれている山本が、「今のように、支那事変には有利だろうという、少しのアラワンス（容認）をね。そこにあったということはですね、これは一つの歴史として、私は大きな資料だと、こう思っておる」として、「支那事変には有利だろう、なんていうようなことを言うならば、私は山本さんの情勢判断はちょろいと言うんですよ」と発言している。これらの記録から、このメモの存在が出席者に、大きな驚きを持って迎えられたことがうかがえる。

この会合でもそれ以降でも、この保科のメモの現物がメンバーに提示されて再度議論されたという記録は見あたらないが、この事例は、昭和史に重大な影響をもたらした局面における山本の言動の詳細が、旧海軍の有力OBの間でも、深くは解明されていない状態にあったことを示すものではないだろうか。山本が「戦争への道」において、海軍部内でいかなる役割を果たしたのかについて、一次史料に基づき学術的な探求を行った成果は少数であり、それらも一般に広く知られているとは言えない。

†海軍の多数派を代表した伏見宮とのかかわり

山本五十六（1884-1943）

昭和戦前期における重大な局面で山本が果たした役割を考える時、まず念頭に浮かぶことは、彼がそのいずれの時点でも当時の海軍の主流から外れていたことである。戦後になって、米内光政や井上成美とならんで「海軍の良識派」の一人という評価が広く定着した山本であるが、言いかえれば海軍部内でつねに少数派に位置していたことになる。そして、同時期の多数派を代表した最重要人物は、疑いもなく伏見宮博恭王であった。伏見宮については、かつて『天皇・伏見宮と日本海軍』（のち『山本五十六再考』と改題して文庫化）という単著を執筆した野村実氏の調査や分析が詳しいが、その成果に依拠して概観すると、以下のようになる。

伏見宮はドイツの海軍兵学校に学び、優秀な海軍将校として海上勤務も長く、戦艦や装甲巡洋艦の艦長、戦隊司令官、艦隊司令長官の経歴もあった。その考え方はかなり強硬派に傾いており、ロンドン会議後も軍令部の見解に同調するところが多かった。その後、一九三二年から一九四一年まで九年間の長きにわたって軍令部長（のち軍令部総長）の地位にあり、①一九三三年の軍令部条例改定、②一九三四年から三六年にかけての海軍軍縮条約体制からの脱退、③一九四〇年の日独伊三国同盟条約の締結、そして④一九四一年の対米英開戦において、いずれも海軍強硬派の側にあって、これらを推進する役割を担った。また人事においても、高級人事は伏見宮の同意がない限り行い難い状況となり、宮の信任を失った海軍首脳は現役を去るほかなかった、という。

この野村氏の評価を前提として、あらためて山本の言動をたどってみると、右の②③④の局面において彼は伏見宮に対して重要な進言を行っていたこと、それらがいずれも宮にとって、「開戦への道」を進むか否かの進路を決定する上で考慮の対象となっていたことが判明する。以下、部内の非主流派であった山本がおこなった進言と、その際に彼が海軍部内で意図したもの（究極的には「対米英避戦」であるとして、それを実現するための現実的な施策）が何であったかを、さきの三つの局面においてたどってみたい。

†軍縮交渉主席代表としての活動

山本の名が内外で高まったのは、一九三四年に開催された第二次ロンドン条約予備交渉（予備会商）の海軍主席代表に任命され、米英代表と三カ月にわたる交渉を行ったときからと言われる。この交渉において、日本側全権は比率主義に反対して軍備平等権を要求し、海軍力については列国共通の兵力最高限度を決定し、その範囲内で不脅威不侵略の兵力量を協定することなどを主張した。

この当時、山本については「英米代表を向ふに廻はし、堂々三ケ月余りの論陣を張り、比率

海軍主席代表として軍縮予備交渉に当たる山本（前列中央）

主義廃止、パリティ要求の為めに戦って重任を半ば果し」（『文藝春秋』一九三五年三月号）と一般で評価されたものの、その主張は米英両国代表の容認を得られず、交渉は一二月二〇日に休会となり、その後再開されることなく山本らは翌年一月下旬に帰国の途に就いた。この間に、日本政府がワシントン軍縮条約の廃棄通告を一二月三日の臨時閣議で正式に決定し、二九日に駐米大使を通じて米国にその通告がなされ、一九三六年の末をもって同条約が失効することとなったことはよく知られている。そしてこの時期、山本の親友であった海軍兵学校同期（三二期）の堀悌吉中将が一二月一〇日に待命、同一五日に予備役に編入され、このことをロンドンで知った山本が一二月九日付で堀にあてた書簡で「如此人事が行はるる今日の海軍に対し、之が救済の為努力するも到底六《むつ》かしと思はる。……海軍自体の慢心に斃《たお》るるの悲境に一旦陥りたる後立直すの外なきにあらざるやを思はしむ」と記したことも、日本海軍の歴史に関心を持つ者の間でよく知られる事実である。

ただ、この書簡には続けて以下のような一節がある。「爾来《じらい》、会商に対する張合も抜け、身を殺しても海軍の為などといふ意気込はなくなってしまった。ただ、あまりひどい喧嘩わかれとなっては日本全体に気の毒だと思へばこそ、少しでも体裁よく、あとをにごそふと考へて居る位に過ぎない」。そして帰国後の山本は、一九三五年の本会議における海軍代表への就任要請を固辞し、代わりに代表に就任した永野修身（対米英開戦時の軍令部総長）による、随員として同行してほしいという要望も断っている。

†伏見宮への進言によって堀に期待したもの

ここで一つの疑問が生じる。堀の予備役編入がなぜ、予備会商にとどまらず軍縮会議全体への関心と熱意を失わせるほどまでに衝撃であったのか。堀に対して、強い友情の発露にとどまらず、彼が現役として部内に留まることに、山本が何らかの具体的な意図を持っていたと考えるべきであろうか。

この謎を解く一つの鍵が、最近刊行された『堀悌吉資料集』第三巻所収の史料「軍縮代表受命に方《あた》り軍令部総長宮に言上覚」に見いだされる。山本がロンドンへ出発する直前、このときすでに軍令部総長として部内高級人事に絶大な影響力を持っていた伏見宮に対し、堀が現役に留まり続けられるように言上したことはよく知られているが、同文書はその控え（九月一一日付）で、右記資料集によってはじめて全文が広く一般に明らかにされた。

これを見ると、山本は伏見宮に対し、以下の旨を具申している。「今回の交渉においては日本側と列国との主張には大きな懸隔《けんかく》があり、交渉の劈頭《へきとう》から正面衝突は避けられないと予想される。『日米均等兵力の要求』という海軍の根本主張は一歩も譲歩の余地がないことは十分諒解しているが、これを実現するとなれば、英米両国は特に多大の犠牲を払うことになるので、相手がこの主張を認めた場合には日本側も相当寛大な態度で臨むことが必要である。現在、幸いにも宮殿下が軍令部総長として在任しておられるのでロンドン会議以後のような海軍部内の動揺は決して存在しないと確信している」。

そして山本はその内容に続けて、堀（また、同じく海兵の同期であり、同じく予備役編入が取沙汰されていた塩沢幸一）の現役地位の保全を要請している。つまり堀に関する山本の要望は、日英米三国間での互譲の精神により自身が交渉妥結の道を探る方針であることを宣言し、伏見宮がその場合に海軍部内を十分掌握統制することを条件としてなされているのである。このことは、かつてワシントン軍縮会議時の随員・ロンドン条約締結時の軍務局長として軍縮体制を支えた堀について、山本が、来る翌年の本会議において何らかの使命を託されることを期待し、それを伏見宮に伝えたことを示すものではなかろうか。

†予備交渉妥結に賭けた山本

当時の山本による国際情勢の観察や判断に照らしてみると、この構想を彼の単なる夢想と片付けるのは早計であるように思われる。たとえば九月に閣議で決定された「帝国代表に与ふる訓令」では「帝国政府の根本方針」として「大海軍国間に於ける軍縮の方法として各国の保有し得べき兵力量の共通最大限度を規定するを根本義とす」という、米英と同等の兵力量を要求する主張が掲げられてはいた。しかし別の箇所では「帝国国防の安固を期するに足る新協定を遂ぐるの素地を作り」とあり、ワシントン条約廃棄（すでに閣議で決定済みであった）によってただちに、いわゆる無条約状態に入ることまでは、この時点において、政府や海軍部内での共通見解となってはいなかった。

また、山本は渡英の途上で一〇月にニューヨークに立ち寄った際、当時の米国金融界のいわゆる大立者と評されていたトーマス・ラモントから「海軍軍縮予備会議についての平均的米国実業家の見解」を尋ね、「日本の軍備比率変更の要求に対しては消極的見解を示すが、中国政策に関しては日本に対して宥和的態度を示し、米国が中国にきわめて好意的な態度をとったとしても、中国を防衛するために戦争に加わることはありえない」という旨のメッセージを受け取ったという（三谷太一郎『ウォール・ストリートと極東』第七章所収）。

呉市海事歴史科学館所蔵の「一九三五年ロンドン海軍会議　会議日誌」において、この予備交渉の時期に山本から海軍大臣に宛てて発電された極秘電（軍令部総長らの供覧にも付された）がいくつか記載されている。その一つ、一一月八日に発電された「山本機密第一番電」において、以下の一節がある。「帝国の主張を基礎とし、又は之に違背せざる如何なる提案に対しても、之を誠心検討するの寛容と胆力とを有せざるべからず。対支問題は英米の最関心を有する所なるべく、日本の軍縮方針を考慮するに当りては同時に此の問題に触れ、対支共同政策等に付、新協定の締結を申出て来ることあるべし。此の場合、之に応ずるを辞せざるの態度を示す要ありと認む」。

山本が軍縮全権代表としてもっとも腐心した点は、前出の訓令にある通り、「新協定を遂げる」素地を翌年に開催される本会議に向けて作ること、つまり軍縮体制の破綻の防止にあったといえるが、先出のラモントの発言内容や予備交渉時の英国の宥和的姿勢から、ある程度はその実現の可能性があるように山本には感じられたのではないか。

海軍軍縮問題だけについて英米両国と正面から論争するならば協定の成立はきわめて困難であるが、たとえば対中国政策をめぐる何らかの政治的な合意によって、軍縮体制の維持をはかる、というのが、予備会商における山本の方針であったろう。そして、その合意に基づく新条約（あるいは国際体制）の策定が討議される一九三五年の本会議において、堀が重要な役割を果たすことを山本は期待したのではないか。

しかし現実の予備交渉では、日本側の「兵力量の共通最大限度を規定」という主張が桎梏《しっこく》となり、三ヵ国間での妥結に向けた進展は見られず、それに加えて、海軍部内で伏見宮が交渉の妥結や堀の現役留任に尽力した記録は見いだせない。昭和天皇は、前出の「帝国代表に与ふる訓令」決定翌日の九月八日に、伏見宮から同訓令における統帥事項についての上奏を受けたとき、「最大保有量の平等に拘り、比率主義を全面排撃する」ことに納得せず、「海軍は重大なる国際問題を部下将校統制の為に犠牲にする」という懸念をもらしたといわれるが、予備会議中においても加藤寛治ら強硬派の要求は大きなものがあった。この期間中に部内で進行していた大角人事（いわゆる「条約派将官」の予備役編入人事）に伏見宮は必ずしも積極的ではなかったという説もある（手嶋泰伸「平沼麒一郎内閣運動と海軍」『史学雑誌』第一二二巻第九号）が、すくなくとも山本は、伏見宮が「部内統制の為の犠牲」として、堀の予備役編入を阻止しなかったと受けとめたのではなかろうか。

†三国同盟締結時の山本の言動や姿勢──保科メモの内容

冒頭でふれた保科善四郎メモの内容は一体、どのようなものであるのか。

筆者の調査したところでは、それは防衛省防衛研究所に所蔵されている史料「保科善四郎ノート」中の、「山本GF長官より（15—9—26）」と題する備忘記録である。それを見ると、「日本も三国同盟は対支事変処理上有利なる可し」という文言が確かにあるが、その発言者は山本ではなく、三国同盟締結促進のためドイツから特使として来日したスターマーであって、前出の寺崎や大井の発言は典拠の読み誤りに基づくものであったことが判明する。このほか、同盟の締結を海軍として正式に認めた一九四〇年九月一五日の海軍首脳部会議においても、山本が同盟締結による米国との関係の悪化や、海軍の戦力整備の不安について、当時の海軍大臣であった及川古志郎に正面から問うたものの、明確な回答が得られないまま同盟賛成が結論となり散会した事情（これらは多くの伝記作品で、それぞれ表現に多少の異同があるが言及されている）も明記されている。山本が同盟に一貫して否定的な立場であった史実はここからも明瞭である。

しかしこのメモを読み進むと、これまで一般に知られておらず、かつ、右の内容にもまして重大な史実が記されていることがわかる。そこでは山本は「今回の如き同盟締結の前提としては　a．重油は何処よりとるや（之には成案なし――蘭印を全部合しても一〇〇万トン、樺太は全力を尽して八〇万トン）　b．鉄は何処より入るや　c．Soviet-Russiaと手を握ること　d．海軍としては新軍備充実に必要なる機材の確保を必要とす（現物動計画の八割を海軍に入れざれば到底計画の遂行は出来ず）」という危惧を表明し、「〔九月一五日の会議〕后に総長〔伏見宮〕に謁し、海軍の軍備整備に要する軍需資材は優先的に……海軍によこす様、御前会議にて力説のことに御願す――殿下諾さる」と述べているのである。

同盟への賛成決定に際して山本が伏見宮に、海軍戦力の整備のための資材や整備の重要性を進言し、伏見宮がそれに同意して「自分は一つ今度御前会議の時に、海軍を代表して、思ひきつて政府に注文をしよう」と返答したという史実は、『西園寺公と政局』第八巻中の記述（原田熊雄に対する山本の談話――一九四〇年一〇月二四日の条）において確認できる。そして、三国同盟締結を正式に国策として決定した九月一九日の御前会議での伏見宮の発言を参照すると、右のaからdの項目はみな、その発言の主要部分を構成しており、伏見宮は最終的に「海軍戦備及軍備の強化促進に関して……本件は特に重大なるを以って更に本機会に於て之れか完遂に対し真剣なる努力を望みおく」等の希望を付して、同盟締結に同意を表明していることが確認できるのである。山本は同盟締結決定時に海軍中央から離れた立場にいてまったく影響力を発揮できなかったのではなく、それとは正反対に、伏見宮を動かし、御前会議で海軍を代表して自らの要望を発言させたことになる。

また従来の政治史や海軍史研究では、この頃から海軍が戦備充実を強く求めたことについて数多く指摘があり、その理由として海軍の「組織的利害への敏感さ」という観点を重視するものが多かったように思われる。しかしこのメモの記述からは、それよりもはるかに緊急かつ重大な、山本が感じた「対米戦争の危険の切迫」という観測もまた、その要求の背後にあったと考えることも可能ではないか。

†「戦争への道」における山本の多面的な活動

ただし、この事実をもって、山本が戦争準備にのみ専心したと解釈することもまた、妥当ではない。一方では伏見宮に海軍戦力の充実を強く訴えて御前会議でその旨を発言させながら（現実に開戦までの間、海軍の戦備充実はきわめて優先された）、他方では戦争の長期化を回避するという目的で人事上の進言も行い、それも伏見宮に同意させている。これらは一見、論理的に両立しない行動に見えるが、政治的展開として考えられるいくつものケースを念頭に置き、水面下で構想の実現を図った点で、山本のユニークさが露わになる部分ともいえる。以下、野村実氏の単著『山本五十六再考』の内容に依ってそれを概観したい。

三国同盟締結から日米開戦までの時期における山本の人事構想と伏見宮への進言をたどるために、野村氏が参照した史料は、山本と古賀峯一（戦死した山本の次代の連合艦隊司令長官）の書簡類を、両名と親交が深かった堀悌吉が収録して保管していた「五峯録」である（近年、大分先哲史料館が編纂・刊行した『堀悌吉資料集』にその全体が収録されている）。それによれば、山本は伏見宮の同盟締結時の姿勢（「此くなる上はやる処までやるもやむを得まじ」との意味の事を発言）に対する危惧もあり、当時軍事参議官に退いていた米内光政を現役に復帰させ、伏見宮の後任とすることを意図して、及川海軍大臣に再三働きかけを行った。

かつて米内が、一九三七年に発足した林銑十郎内閣の海軍大臣に就任した事情について、伏見宮による米内への強い勧めがあったことが判明しているが、もともとは、それよりさきに海軍次官となっていた山本が、当時の海軍大臣であった永野修身へ米内の就任を進言し、それに伏見宮も同意して実現したものだった。そして山本は一九四〇年秋から四一年にかけて、米内をふたたび海軍部内の枢要な位置に据えようと努力し、当時健康上の理由で軍令部総長退任を考えていた伏見宮も、米内を自分の後任とする案にいったんは賛同していたという。

ここで重要なことは、山本にとって米内の現役復帰が、対米避戦を考慮した（米内であれば、統帥面での最高責任者として陸軍や海軍部内強硬派を抑えられる、という期待があった模様である）だけでなく、いよいよ戦争が避けられなくなった場合の、早期の戦争終結に向けた事態収拾の布石でもあったことである。

山本が具体的に考えた案は、まず米内が現役に復帰して連合艦隊司令長官をつとめ、その後に軍令部総長になることであった。山本は四〇年九月から、米内光政を現役に復帰させて連合艦隊司令長官とするよう及川に上申していた（このことは、前出の原田熊雄に対する談話でも登場する）が、山本はこの人事構想とならんで、対米戦では開戦劈頭にハワイ空襲が必要であると同年一一月以降、及川に再三伝えている。

ハワイ空襲という構想は当時、攻撃部隊の潰滅を招く可能性が高く、投機性のきわめて強い、危険性に満ちた作戦という評価が部内で支配的であった。野村氏は言う。「どうして山本は、こんな戦術的にまったく尋常でない、心理的効果をねらうとしても一見して自棄的な作戦を考えたのだろうか。連合艦隊司令長官として部下に、このような作戦をやれと普通の神経で命じられるだろうか」。その理由は、四一年一月七日付で山本が及川にあてた長文の書簡「戦備に関する意見」で明らかになる。その内容は、「日米戦争で、日本が第一にしなければならないのは、開戦劈頭、敵主力艦隊を猛撃撃破して、米海軍と米国民にすっかり士気阻《そ》喪《そう》」させることであり、そのためのハワイ作戦であり、かつ、「米内連合艦隊司令長官・山本第一航空艦隊司令長官という人事発令」が必要である、というものであった。そして山本は後日、嶋田繁太郎（対米英開戦時の海軍大臣）にもこの人事案を書き送っている。「ハワイ空襲が、山本の脳裏では、決死の『片道攻撃』に類する作戦であった以上、自身が直率して実行するというのが、軍人として常識的な考え方だ。これほどの作戦を他人にやらせるというのは、責任を果たすゆえんではない」（野村前掲書）。

この米内の現役復帰構想が実現していたら、太平洋戦争の経過は、長期戦への突入という、史実と全く異なった展開をたどったと考えられる（あるいは、そもそも対米英開戦も回避されたかもしれない）が、この山本の構想は実現せず、伏見宮は米内の軍令部総長案に同意したものの、「連合艦隊長官はお前やれ」と山本に発言し、後日、自身の軍令部総長退任にあたって、後任として米内ではなく永野修身を指名した。

そののち岡田啓介や小林躋造《せいぞう》・米内ら海軍の長老が、避戦のために山本を海軍大臣に就任させようと運動したが、海軍部内では山本を連合艦隊司令長官から更迭することはおよそ常識外に思われたようであり、この案も実現しなかった。野村氏はこれらの経緯を、「五峯録」以外にも、およそ集められる限りの一次史料を参照して解明している。

†おわりに

山本が伏見宮への進言を通じて追求した究極の目標は対米避戦であり、それは、戦争への物的な準備と一体のものであったが、せめて長期戦への突入だけは避けるという強い信念を山本は持っていた。他方で、山本が追求した人事上の目標は、これまで見てきた経過から、部内統制の確立にあったといえよう。

山本が実戦部隊の指揮統率において、比類のない力量を示したことはよく知られているが、伏見宮に代表される海軍主流が対米開戦の可否の決定という局面に際して、山本に期待したのは、あくまでも作戦上の観点（最大の戦術的効果を追求する）における統率能力だった。山本が伏見宮へのたびたびの進言を通じて追求した二つの目標は不可分一体として実現されるべきものであったが、それがいずれも空しくなって以降、彼は「自棄的・玉砕的とも見える連続進攻戦略」（秦郁彦）に終始せざるを得なくなったのである。

さらに詳しく知るための参考文献

＊作戦家・戦術家としての山本五十六の言動や功罪について紹介し、あるいは論じたものは、生出寿『凡将山本五十六』（徳間書店、一九八三）、秦郁彦『昭和史の軍人たち』（文藝春秋、一九八二）、中村悌次『日米両海軍の提督に学ぶ——第二次世界大戦における統率の教訓』（兵術同好会、一九八八）、また、やや記載が専門的であるが、防衛庁防衛研究所戦史室編『戦史叢書10　ハワイ作戦』（朝雲新聞社、一九六七）など多数にのぼる。

ここでは「戦争への道」における山本五十六の構想や行動を叙述したものとして、入手が容易、かつ、史実の正確性において一般にも歴史家にも評判が高いものを中心に紹介する。

反町栄一『人間山本五十六　上・下』（光和堂、一九五六）……長岡生まれで山本と長年にわたり深い交流のあった著者が、記録し続けた山本の言行に加えて、山本家と生家の高野家に残された文書や書簡などを全面的に活用し、旧海軍ＯＢの談話も収録した大著。同郷の先輩であった山本に対する親愛と憧憬の念が強すぎる、という批判的評価も数多いが、「昭和海軍を代表する提督、太平洋戦争の立役者、そして魅力ある人間像と悲劇的な生涯」（『日本海軍の本・総解説』自由国民社より）をたどった山本の生涯をたどるための必読書といいうる。

阿川弘之『新版　山本五十六』（新潮社、一九六九、新潮文庫、一九七三）……一九六四年から翌年にかけて月刊雑誌『文藝朝日』に掲載された連載の単行本化されたものの改版。連載開始当時の『文藝朝日』編集長であった小金沢克誠は後年、「悲劇と恋と壮挙――日本人好みのこの三要素を兼ね備えた人はそうザラにはいない。連載すれば間違いなく話題になると思った」と回想している。フィクションではなく正確な史実に立脚した阿川の作品が、世間に好評を持って迎えられて以降、山本を取り上げた文献はほぼすべて、この点における世間のニーズに応えて刊行されているように思われる。

野村実『天皇・伏見宮と日本海軍』（文藝春秋、一九八八。のち中公文庫『山本五十六再考』として一九九六年に再刊）……学術論文の形をとっていないが、日本海軍にとっての太平洋戦争への道、そこにおける伏見宮の影響の大きさについて、一連の経緯を記述している。山本五十六の真珠湾攻撃構想と米内光政の現役復帰構想との一体性についても、綿密な調査分析の結果が明快に叙述されている。

芳賀徹他著『大分県先哲叢書　堀悌吉』（大分県教育委員会、二〇〇九）／大分県先哲史料館編『大分県先哲叢書　堀悌吉　資料集』第一巻・第三巻（大分県教育委員会、二〇〇九・二〇一七）……山本の親友として親交の深かった堀悌吉の旧蔵史料を収録した伝記と資料集。「五峯録」や「軍令部総長宮に言上覚」の全文が収録されるなど、史料的価値は高く、これにより堀や山本の周辺における海軍部内の実情の一層の研究の進展が期待される。

第10講

米内光政――終末点のない戦争指導

相澤　淳

†はじめに

米内光政《よないみつまさ》の出身地である盛岡市内の八幡宮には、その境内の一画に米内の銅像が建てられている。米内の死去から一二年後の一九六〇（昭和三五）年に建てられたこの銅像は、背広姿に蝶ネクタイという姿であり、その穏やかな立ち姿からも、普通の人々がこれを一目見て、像の人物が海軍軍人であったことを言い当てるのは困難と思われる。建設時期が終戦からまだ一五年という段階で、おそらくその軍人色を消し去っていたのであろう。一方、その二七年後の一九八七年に設立された盛岡市先人記念館の館内にも、米内の等身大・全身像があるが、海軍第一種軍装に身を包み、生き生きとした表情と背筋を伸ばしたその姿は、彼がまさしく海軍軍人であったことを表している。しかし、この記念館では米内はあくまで「政治に生きた人々」として位置づけられているのであり、軍人はこの記念館が顕彰する「先人一三〇人」の対象外となっている。米内は特別な存在なのである。

ところで、米内がこの「政治に生きた」時期は、大きく次の三つの時期に分けられよう。まず、一九三七年二月〜三九年八月までの海軍大臣の時期、そして一九四〇年一月から七月までの総理大臣、最後に一九四四年七月から四五年一二月までの再度の海軍大臣の時期である。総理の時期はその在任期間も短く、やはり海軍大臣として務めた前後二回の時期、すなわち一回目の日中戦争勃発前後からその拡大へと日本が戦争への道を歩む時期、そして二回目の日本が戦争に行き詰まり終戦へと向かう時期で、米内はそれぞれの期間、平和に尽くした「政治家」として評価されていると考えられる。本稿では、その前者の「戦争への道」を歩む時代における海軍のリーダーとしての米内に焦点を当て、とくに彼の日中戦争初期の戦争指導について考察するものである。

†米内と中国

米内光政は、日中戦争勃発約半年前の一九三七（昭和一二）年二月二日、聯合艦隊司令長官から海軍大臣に就任した。海軍軍人として最高の栄誉ともいえる聯合艦隊司令長官の在任がまだわずか二カ月であり、また経歴上もそれまで海軍省での勤務歴がなかったことから、米内はこの大臣就任に抵抗したが、皇族で海軍の先輩でもあった伏見宮軍令部総長からの直接の説得もあり、米内はこれを受け入れた。代わって前大臣の永野修身が聯合艦隊司令長官となったことを見ても、必ずしも「栄転」とはいえないこの人事を、米内は「軍人から軍属への転落」としてその失意を表していた。

しかしながら、海軍兵学校の卒業席次（第二九期）で一二五人中六八番という中位の成績であった米内が、艦隊であれ、本省であれ、その最高位に就くことは異例のことでもあった。実際、一九三〇年一二月、海軍中将となり鎮海要港部司令官となった米内は、自他共に認める退役前のポストに就いていたが、それを覆したのが二年後の第三艦隊司令長官への就任であった。

米内光政（1880-1948）

そしてこの後、米内は鎮守府司令長官（佐世保、横須賀）と艦隊司令長官（第二艦隊、聯合艦隊）の要職を交互に歴任し、海軍大臣となるのである。第三艦隊は一九三二年一月に勃発した第一次上海事変に対応するために急遽編成された中国警備を担任する艦隊で、実は米内は鎮海要港部司令官の前のポストで、同じく中国警備を担当していた第一遣外艦隊司令官を二年経験していた。そうした中国での指揮官勤務の経験が米内を現役にとどめる人事につながっていたのかもしれない。

実際、米内がこうした中国への派遣艦隊の司令（長）官を歴任した時代は、それぞれ、蔣介石による北伐の開始後、中国において排外ナショナリズムが高まりを見せ（南京事件、一九二七年三月）、また満州事変（一九三一年九月）に続く第一次上海事変の発生等で日中間の対立が高まっていた時期で、海軍が警備担当する地域の中国情勢も混乱しつつあった。米内は後日、これらの勤務を振り返って「僕は貧乏籤許り引きましてね、南京事件の時も上海事件の時も何時も尻拭ひに行つた様」なものだったとし、その勤務の経験から「支那人相手は仲々骨が折れますよ。事を構へる事はいくらでも出来ますが、此方は非戦闘員たる居留民の保護ですから迂闊に大砲なんかブッ放せませんよ」という実際感覚も抱くに至っていた（『新岩手人』第三巻一二号、一九三三年一二月二五日）。米内の言葉をそのまま借りるのならば、この「上海事件の尻拭い」が彼の海軍人生を長らえさせたと言うこともできよう。

ところで、こうした南京や上海での苦い経験を踏まえた上で、一九三三年九月に海軍中央部で決定された「海軍の対支時局処理方針」は、中国への実力行使をも辞さずという強硬論で、「中央政権（蔣政権）の政令外に立つ政権を積極的に援助する」という方針や、「西南方面に於ける反蔣運動を放任し機宜之を利用」するなどとした「反蔣介石」色も色濃く打ち出すものであった。この中央部の対蔣強硬方針に対し異論を唱えたのが、第三艦隊司令長官の米内であった。彼は、この方針を中央から知らされると、中央（蔣）政権をそこなう方針を明確に否定し、

「対支政策に関する次官電の書きっ振りは南京政権〔蔣介石の国民政府政権〕をば逐次孤立せしめ之を駆逐せんとするようでもあり、南京政府に対しては積極的に峻厳一方にやろーというようにも見られ多分に陸臭〔陸軍臭〕を有する」（高田『米内光政の手紙』四七頁）ものとしてこれを批判した。また、米内はそれ以前にまとめていた「対支政策について（昭和八年七月二十四日記）」（実松『海軍大将米内光政覚書』九〜一三頁）と題する手記のなかでも、

支那をまいらせるためにたたきつけるということは、支那全土を征服して城下の盟をなさしめることだろうが、それは恐らく不可能のこととなるべし。支那のヴァイタル・ポイントは、いったいどこにあるのか。北京か南京か、広東ないしは漢口か長沙か重慶か成都か、このように詮議してくると恐らくヴァイタル・ポイントの存在が怪しくなってくるだろう。支那のヴァイタル・ポイントということと日本の実力ということを考えるとき、われわれは満州だけですでに日本の手いっぱいであることを察する。このように考えれば、いわゆる強硬政策なるものが実際に即しない空威張りの政策であって、他の悪感をかう以外に一も得るところがないこととなる。

と、中国への強硬政策を否定していた。

こうした米内の意見の中に見られる対中穏健論や蔣政権への理解は、米内自身の蔣介石との会見（第一遣外艦隊司令官時代の一九二九年四月と五月、漢口と南京で国民政府主席であり国民革命軍陸海空総司令だった蔣と会見）という個人的体験に裏付けられていたようであった。米内はその七年後（横須賀鎮守府司令長官の時）の三六年六月にこの会見を回想しつつ、蔣を「支那の第一人者」として高く評価し、「支那問題は何とかして蔣介石を引っぱってくるんだね」とその交渉「対手」としての期待も寄せていた（『岩手日報』昭和一一年六月一二日、米内車中談）。そして、これが盧溝橋事件勃発一年余り前の段階での、米内の中国、そして蔣に対する認識だったのである。

†盧溝橋事件への反応

一九三七年七月七日に発生した盧溝橋事件に対し、大臣就任から五カ月たっていた米内がまずとった対応は、事件をこれ以上拡大せず局地的解決をはかるという、いわゆる不拡大方針であった。米内は「諸般の情勢を観察するとき、陸軍の出兵は全面的な対中国作戦の動機となるであろう」とし、「華中（南）における対日動乱は、華北における禍根の波動にほかならない」との認識の下、「もし今回の盧溝橋事件にたいし誤まった認識をもってその解決にあたったならば、事件が拡大することは火を見るよりも明らかである。そして、その余波は一ないし二カ月にして華中におよぶであろう」ことをもっとも懸念していたのである（実松『海軍大将米内光

第２次上海事件、大山勇夫中尉の遺体の収容（1937年8月10日撮影、毎日新聞社提供）

政覚書』一四～一五頁）。

一方、軍令部の対策も当初の重点は「極力事態ノ重大化ヲ避クル方針ヲ堅持」することにあったが、その後日中間の衝突が続き、七月後半になると、「対支全面的戦争ニ転化ノ傾向頗ル大ナリ」として「南京政府累年ノ執拗ナル排抗日政策ニ対シ痛烈ナル反省ヲ促スタメ此ノ際一痛撃ヲ与フルモ亦已ムヲ得ザル」（『支那事変処理　軍令部第一部甲部員』防衛研究所戦史研究センター蔵）という一撃論、そして「この際支那を一つタヽイて、サツト引クがよいと云ふ説」（『高松宮日記　第二巻』四八五頁）が盛んになるのであった。中国警備の現場をあずかる第三艦隊司令長官の長谷川清からも、強硬な「対支作戦用兵ニ関スル意見」（一六日）がよせられ、この中では、支那膺懲を作戦の単一目的として「当初ヨリ戦局拡大ノ場合ノ作戦ヲ開始」し、「開戦劈頭ノ空襲ハ我ノ使用シ得ル全航空兵力ヲ以テ」するなど、軍令部の対支膺懲論を一段と鮮明にした具体策が述べられていた。

しかしながら、米内は紛糾する日中間の問題を強硬策によるのではなく、話し合いによる外交の場において解決するという方針を貫こうとしていた。そして、こうした米内の希望は、八月初旬、和平工作（船津工作）として動きだしてもいたが、八月九日に米内が拡大を懸念していた「華中」すなわち上海で発生した大山事件は、日中間の緊張を一段と高める結果となり、交渉の継続を事実上不可能にした。すでに現地の第三艦隊からは増援部隊の派遣要請がくり返されているなかの、海軍将兵殺害という事件の発生は、海軍内の危機感を煽り、「支那側ニ於テ遂ニ反省スル処無クンバ其ノ飽クナキ非違不法ヲ糾弾是正スル為真ニ断固タル一撃」（「支那事変処理」）を加えるという海軍内部の強硬論を決定的にした。

しかし、米内はこの大山事件の発生後も交渉による事態解決の方針を変えなかった。八月一一日午前、伏見宮軍令部総長が米内を招致、伏見宮は「外交交渉も必要なれ共対手は支那人にして其の成否は不明なり之を重視するを得ず」として、米内の所信を質したのに対し、米内は「外交交渉には絶対的信頼を措かず然れ共（中略）之を促進せしむることは大切なり」「今打つべき手あるに拘らず直に攻撃するは大義名分が立たず今暫く模様を見度し」と応え、外交交渉優先の方針を譲らなかった（「支那事変処理」）。

✝第二次上海事変での方針転換

ところが、船津工作は米内が期待したような進展を何ら見せなかった。そして、とうとう翌一二日、米内は上海での兵力配備、作戦準備の促進に同意、同日夜に上海確保に関する大海令が発令され、第三艦隊司令長官には「上海居留民保護ニ必要ナル地域ヲ確保スルト共ニ機ヲ失セズ敵航空兵力ヲ撃滅スベシ」との指示が出され、さらに、同日夜および翌一三日の閣議で、陸軍の上海への出兵が正式に決定した。

ただし、この方針変更の際も、米内は事態のこれ以上の拡大を望まず、あくまでも「陸軍の派兵」も好ましくないとの渋々の姿勢であった。しかしながら、こうした米内の事態限定の姿勢は、翌一四日深夜の閣議で一変し、米内は事態の不拡大主義の消滅を主張し、「海軍としては必要なだけやる考えである」との強硬姿勢の下、「南京まで占領してしまふがよい」とまで発言、閣内をアキレさせる場面もあった（『高松宮日記　第二巻』五四五頁）。この強硬論への転換には、天皇も翌一五日拝謁した米内に対して、「従来ノ海軍ノ態度、ヤリ方」は充分信頼しており、この上とも「感情ニ走ラズ克ク着眼シ誤ノナイ様」にしてもらいたいとの注意の言葉を発したほどであった（『海軍大将嶋田繁太郎備忘録・日記Ⅰ』一二九頁）。では、いったい、一三日か

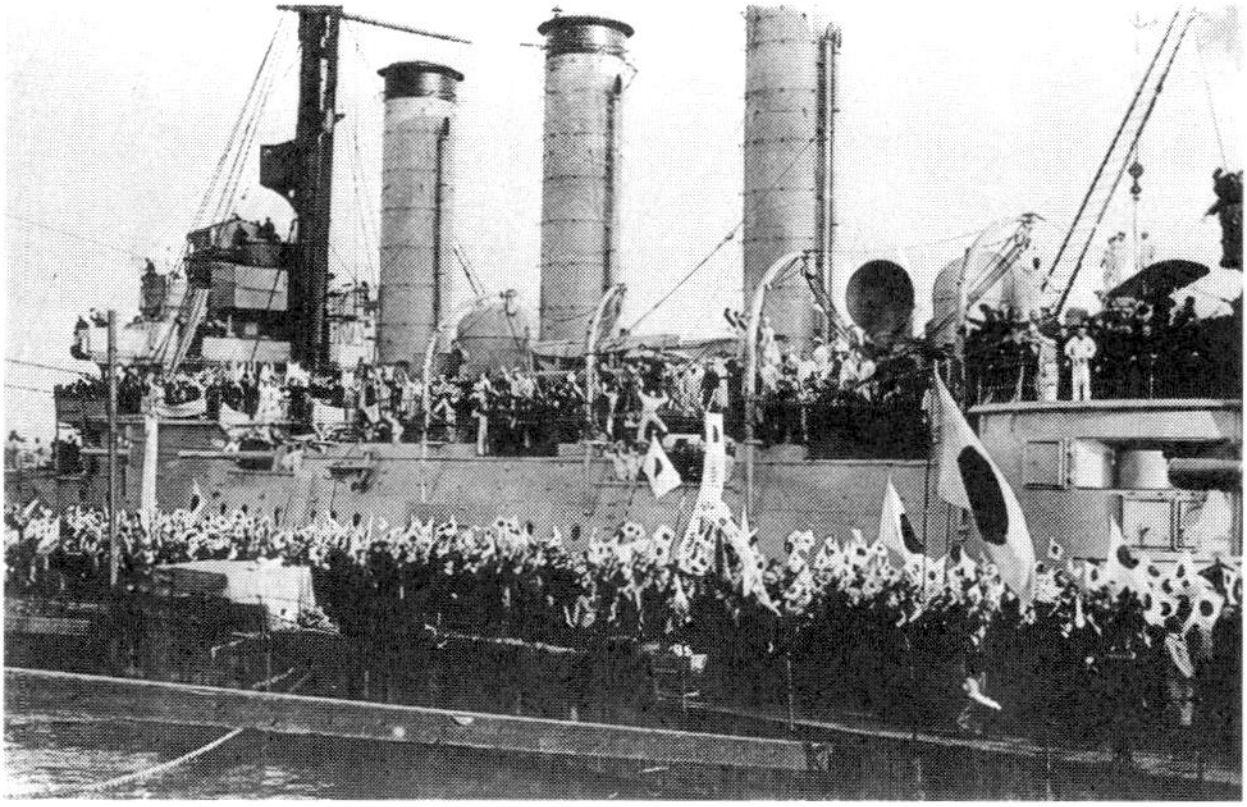

旗艦出雲の前を南京陥落の旗行列（1937 年 12 月 14 日撮影、毎日新聞社提供）

ら一四日深夜までの間に、米内の態度を一転させる何が起ったのであろうか。

一四日の午前一〇時頃、中国空軍機十数機が、上海にある第三艦隊旗艦「出雲」、陸戦隊本部、総領事館等を二回にわたり爆撃した。すでに上海市街での武力衝突は前日より始まっていたが、この爆撃に対し、海軍中央部は同日午後、中国膺懲のため本格的作戦を開始することに決した。そして、この中国空軍の爆撃に対して、何より米内自身が非常な怒りを示していた。なかでも米内は第三艦隊旗艦「出雲」への爆撃に強い憤りを表していたという。

実は、八月一四日の爆撃を実施した中国空軍部隊は、中国軍の中でも当時もっとも中央化の進む、蔣介石の息が直接かかった虎の子部隊であった。その空軍の、しかも、上海における日本軍の最高司令部と言える第三艦隊旗艦「出雲」への攻撃は、蔣政権による華中での対日「宣戦」にも等しい攻撃だったといえよう。かつて第三艦隊司令長官として「出雲」で指揮をとった経験のある米内は、この中国の攻撃が意味するところを十分理解したと考えられる。しかも、こうした中国空軍の爆撃は一四日夕刻まで反復していたのであり、そうしたことによるあせりが同日夜の閣議に臨む米内を支配していたことは十分に考えられるのである。

そしてまた、この空軍の攻撃は、米内が維持し続けてきた交渉による事態の解決という希望もほぼ完全に打ち砕いてしまった。米内は以前より、中国問題の解決方法として蔣介石を引っ張りだすべきとの考えを抱いていたが、船津工作はまさにその実践の場といえた。米内がこの交渉に固執したのは、そうした交渉相手としての蔣に対する期待が変わっていなかったためと思われる。しかしながら、蔣は七月末の段階ですでに和平の望みを棄て、強硬手段に訴える方針に転じていた。米内はその見込み違いを、八月一四日の蔣の意志をはっきり伝える空軍の攻撃で思い知る結果となった。

こうして米内、そして海軍は「今ヤ必要ニシテ且有効ナル有ラユル手段」を執る「中国膺懲ノ為本格的作戦ヲ開始スル」に至ったのであった（「大東亜戦争海軍戦史　本紀巻一」防衛研究所戦史研究センター蔵）。

†蔣介石を「対手とせず」

華中における日中間の戦いは、上海戦における日本側の苦戦を経つつも、一一月中旬となって中国軍の南京への総退却がはじまり、それを追撃する部隊に引きずられる形で日本軍は南京攻略（一二月一三日占領）へと突き進んだ。一方、この間、日中戦争期を通して最も可能性が高かったとされるO・P・トラウトマン駐華ドイツ大使による日中間の和平工作（トラウトマン工作）も進められており、当初は紛争長期化への懸念もあり日本側の和平条件も寛大であった。しかし、国民政府の首都南京占領という「軍事的勝利」によってその条件は過重なものともなっていき、結局、この和平工作を日本政府は翌一九三八（昭和一三）年一月一六日に発する蔣介石を「対手《あいて》とせず」声明で打ち切ってしまうのである。

この時、トラウトマン工作に対する日本政府と統帥部（特に参謀本部）の意見は大きくわかれ、海軍内では海軍省が政府の交渉打切り論を支持し、軍令部は参謀本部側の交渉継続論を後押ししていた。そうした事態に対し、米内海相は交渉打切りを決定した一九三八年一月一五日の大本営・政府連絡会議において、「参謀本部は政府を信用しないのか」と発言し「政府と参謀本部の対立で、参謀本部が辞職するか、政府が総辞職するか」とまで詰め寄り、古賀峯一軍令部次長に対しも、交渉継続を強く主張していた多田駿参謀次長への支持をやめるよう説得していた。こうした米内の姿勢は、陸軍（参謀本部）への不信や「政治優先」というその政治スタンスと関係していたとも考えられるが、前回の和平工作（船津工作）時における外交交渉優先という姿勢はここではほとんど見られず、また、交渉相手として何とか「蔣介石を引っぱってくる」という意識も感じられない。あるいは、前回の手痛い経験から、蔣介石との和平を疑問視する不信感が残っていたのかもしれない。

一方、このときの日本政府には、南京陥落という戦勝により「勝者」の日本側から和平条件を提示することを不適当とする強硬論、「南京を失っても虚勢を示す蔣政権に真の反省を求める」という膺懲継続論、さらには、南京陥落によって蔣政権は崩壊するだろうという認識すらあった。そして、米内もこうした日本政府の対中・対蔣強硬論を後押ししていた。しかし、結局、南京陥落後も蔣政権は崩壊せず、日本政府による蔣介石を「対手《あいて》とせず」声明も、明らかに日中戦争の長期化を余儀なくする結果をもたらしたのであった。

†戦争指導者としての米内

こうして日中戦争の早期解決が不可能となったことは、海軍にとってその中国膺懲論が失敗したことを意味したと言えよう。そもそも海軍の膺懲論は「蔣政権に一撃を加え、その反省を促し、サッと引く」という短期戦を指向していた。しかし、その後中国大陸における日本の戦いは、徐州作戦から漢口作戦、そして広東作戦へと華南にまで拡大していった。それに対し、蔣は奥地へと後退する持久戦略をとったために、日本政府は蔣の反省を促すどころか、軍事的な紛争解決の糸口もほとんど見込めない状態となった。そして、この間に近衛文麿首相は「対手とせず」声明の失敗を認めざるを得なくなっていき、米内海相においても「蔣改心セバ之ヲ相手スルモ可ナリ」(『高木惣吉　日記と情報　上』一四一、一四四頁)との発言を五相会議(一九三八年七月)で漏らすようになっていった。

こうした戦争の長期化、すなわち「ヴァイタル・ポイントの存在」の怪しい中国との戦争について、それを予言していたのが、他ならぬ米内であった。また、蔣介石を日中間の問題の交渉相手として重視していたのも米内であった。米内は、こうした以前からの自身の中国認識や蔣認識と、とくに「対手とせず」声明以降の、日中戦争で起こりつつある現実とのギャップに、その後おそらく気づいていったのではないか思われる。この頃の米内は、海軍省内で「己ハ政治ハ嫌ダ」「己ハ政策的ノコトハ出来ヌ」と自ら高言し、それに対し省内からは「海相ハ従来指揮官トシテ名声アリシモ軍政方面ニハ全ク経験モナク見識モナシ。事変起ラザリシナラバ其ノ温厚ナル質性ニヨリ無事ナリシナランモ到底難局ニ処シテ盤根錯節ヲ断ズル器ニアラズ」との酷評にも一部晒されるようになっていた(『高木惣吉　日記と情報　上』一六三〜一六四頁)。こうした米内の様子は、それだけこの時の米内が行詰っていたことを示すものとも考えられるのである。

それでは、なぜ米内は日中戦争初期の戦争指導において、こうした中国膺懲論に走っていたのであろうか。

まず、盧溝橋事件勃発直後の、船津工作を進めようとしていた段階での米内は、明らかにそれまでの柔軟な中国（蔣）認識の延長線で行動していたと考えて良いと思われる。しかし、上海に事件が飛び火し、中国側が中央（蔣）政権の意図として武力の行使（空軍による爆撃）に訴えてきたとき、米内もまた、これに対抗する手段として武力の行使に踏み切った。これは、軍人、あるいは指揮官として当然の反応であったと思われる。しかも、そのときの上海での中国軍と日本（海）軍の戦力比は、中国側に圧倒的な優位があった。すなわち、日本側は居留民をはじめ危機的な状況に晒されていたのであり、生半可な武力投入ではその安全確保は不可能であった。米内が「海軍として必要なだけやる」と閣議で一挙に強硬化したのは、そうした上海での状況があり、また、米内はその現場感覚も持っていた。かつて米内は中国警備について「迂闊に大砲なんかブッ放せませんよ」とその困難さを語っていたが、今回、相手方が「ブッ放ってきた」以上、その困難さに立ち向かわなければならなかったのである。

ただし、このとき海軍が考えた対中作戦は、あくまでその膺懲論に基づく短期戦であった。米内は、こうした対中作戦について、その結末をどのように考えたのであろうか。先の「ヴァイタル・ポイント」の怪しい中国との戦争観を示していた「対支政策について」のなかでは、米内は次のような中国認識も示していた。

日本は過去において済南に、また、ちかくは満州に上海において武力を発揮して支那の心胆を寒からしめ、戦さをしてはとうてい日本にかなわぬという感じを支那の少なくとも要路の者にうえつけたはずである。

優者をもって自認する日本が劣弱な支那にたいして握手の手をさしのべたところで、それはなにも日本のディグニティを損しプライドをきずつけるものだろうか。

この「支那の要路の者」のなかに蔣介石が含まれていたのかどうかは分からない。また、米内にとっての船津工作が「劣弱な支那に握手を求めた」ものかどうかも、米内の蔣への高い評価から一考を要する。しかし、こうした一般的な中国に対する軍事的優越という感覚は、当時の日本の陸海軍を問わない軍人達の共通の認識だったと考えて良いであろう。

そして、確かに日本軍は上海での紛争全面拡大から三カ月あまりで、蔣政権の首都南京を陥落させた。蔣介石を「対手とせず」声明は、ある意味、南京を「蔣政権のヴァイタル・ポイント」と見て、その後の凋落を前提としたものであったと言える。米内もこのときそうした蔣の凋落に期待をかけていたのではなかったろうか。しかし、その後も中国そして蔣政権の「ヴァイタル・ポイント」は怪しいままに、戦争は長期化していったのである。

さらに詳しく知るための参考文献

＊米内自身が記した記録が少ないなかで、以下の二冊は米内の当時の見方、考え方を知る上で重要な文献である。

実松譲編『海軍大将米内光政覚書』（光人社、一九八八）
高田万亀子『米内光政の手紙』（原書房、一九九三）

＊以下は、日中戦争初期における海軍中央部（海軍省および軍令部）の動向を知る上で、その内部の様子を伝える重要な日記類である。

『高松宮日記　第二巻』（中央公論社、一九九五）
伊藤隆編『高木惣吉　日記と情報　上』（みすず書房、二〇〇〇）
軍事史学会編『海軍大将嶋田繁太郎備忘録・日記Ⅰ』（錦正社、二〇一七）

＊日中戦争初期の米内の再評価、あるいはその戦争指導についての研究動向を見る上で、以下の研究論文等が参考になる。

森松俊夫「支那事変勃発当初における陸海軍の対支戦略」（『政治経済史学』第一六八号、一九八〇所収）
池田清『海軍と日本』（中公新書、一九八一）

臼井勝美「日中戦争と軍部」（三宅正樹編『昭和史の軍部と政治2—大陸侵攻と戦時体制』第一法規出版、一九八三所収）
相澤淳「日中戦争の全面化と米内光政」（『軍事史学』第三三巻第二・三合併号「日中戦争の諸相」、一九九七所収）
手嶋泰伸「日中戦争初期における米内光政の基礎的研究」（『国史談話会雑誌』第四八号、二〇〇七所収）
久保健治「盧溝橋事件の拡大と海軍の派兵決定論理—米内光政の意思決定を中心に」（『創価大学人文論集』第二四号、二〇一二所収）
畑野勇「米内光政」（筒井清忠編『昭和史講義3——リーダーを通してみる戦争への道』ちくま新書、二〇一七所収）

第11講

永野修身——海軍「主流派」の選択

最早「ヂスカツション」ヲナスヘキ時ニアラス
（一九四一年一〇月四日、第五七回連絡会議における永野の発言）

森山　優

†はじめに

一九四一（昭和一六）年一二月に始まった日米戦争は、いわば海軍の戦争であった。陸軍にとって、対米戦は資源確保のための南方攻略作戦に付随する副次的なものに過ぎなかった。開戦にあたり陸軍が想定していたのは、緒戦の島嶼攻略作戦とその後の防衛だけだったのである。陸軍がアメリカを主敵と認識して本格的に対応を始めたのが開戦後約二年を経過した一九四三年九月だったことは、最近ではよく知られている（戸部良一『日本の近代9　逆説の軍隊』中央公論社、一九九八ほか）。

アメリカを仮想敵国として対米戦備を拡充してきた海軍が決意しなければ、日米戦争は起こらなかった。開戦決意から戦争の中盤の時期に軍令部総長（海軍の作戦・用兵のトップ）だった永野修身《ながのおさみ》（四一年四月〜四四年二月在任）の責任は、重大である。永野は米ハーバード大学に留学し（一九一三〜一九一五）、さらに一九二〇年からアメリカ大使館付武官を勤め、ワシントン会議にも全権委員として参加した。他の海軍軍人に比較して、アメリカのことを良く知り得た立場にあった。

そのような永野は日米戦争をどのような戦争と想定していたのだろうか。この問題に入る前に、まずは永野の人となりと経歴にふれておこう。

†永野のパーソナリティ

七〇年を超える日本海軍の歴史のなかで、海軍省（軍政）、軍令部（統帥）、聯合艦隊（艦隊）という三つの重要ポスト全てで長をつとめたのは永野修身（一八八〇〜一九四七）しかいない。海兵二十八期のクラスヘッド、日露戦争での武勲（速射砲を陸揚げして旅順港に籠もるロシア極東艦隊を砲撃し、黄海海戦の発端をつくった。日本海海戦にも第四戦隊司令官の副官として巡洋艦「浪速」に乗って参加）に始まり、元帥に列せられる（皇族を除き昭和期の海軍で生きながら元帥となった唯一の例）など、永野の軍人生活は華やかだった。にもかかわらず、戦後A級戦犯となった関係から評判は芳しくなく、本格的な伝記はない。雑誌『経済往来』の連載をまとめた秦郁彦『昭和史の軍人たち』（文藝春秋、一九八二）を嚆矢とし、元帥時代に副官を勤めた吉田俊雄による『四人の軍令部総長』（同、一九八八）がある程度である。九四年になって、巣鴨の獄中日記を含む『海よ永遠に――元帥海軍大将永野修身の記録』が遺族である永野美紗子によって出版された。永野を論ずるには、まず関係者の回想や当該期の一次史料を丹念に収集する必要がある。

吉田は永野の性格を、屈託がなく侠気があり、素朴な豪傑で情熱家かつロマンチスト、海軍の秀才型官僚軍人とは肌合いが違ったと評している（吉田一九八八）。良き家庭人でもあり、子供たちに自分のことを「パパ」と呼ばせていたなど、ハイカラな側面もあった（永野一九九四）。進取の気性に富み様々な改革をおこなったが、海軍兵学校長時代（一九二八～三〇）には、兵学校教育を従来の一方通行の暗記型から、自学自習を旨とする米国流のダルトン（ドルトン）・プラン（小原国芳の玉川学園が有名）を導入して、波紋を起こした。海軍士官は短期間に型に嵌った規格品を揃えれば良いという考えは海軍の中に根強く、永野の転出と共にダルトン・プランは立ち消えとなったが、自由な雰囲気を懐かしむ元生徒も多かったという（吉田前掲）。

永野修身（1880-1947）

このような逸話を繙いていくと、「非合理的な」日米開戦を決意した永野とはイメージが一致しなくなる感がするかもしれない。さまざまな永野評を集めてみると、吉田は永野を部下に仕事を任せる明治型の武人（吉田前掲。軍令部で永野の下で働いた小野田捨次郎大佐によれば、下僚が起案した文章に質問することはたまにあっても、自らの意見を開陳してそれを修正することは極めて少なかったという。小野田『げすのあと思案』私家版、一九六四）、中沢佑（軍令部作戦課長、人事局長、軍令部作戦部長を歴任）は敢えて言えば「政将」（『追想海軍中将中沢佑』追想海軍中将中沢佑刊行会、一九七八）、野村実は海軍多数派の代表と評している（野村一九九五）。また、周囲から「自称天才居士」というあだ名をつけられていたという証言もある（「井上〔成美〕と海上自衛隊幹部学校長との座談記録」井上成美伝記刊行会編『井上成美』）。

これらの見方を総合することで、永野の人物像が、より立体的になるだろう。

敗戦後、米内光政・山本五十六・井上成美らに海軍を代表させ、あたかも海軍全体が戦争に反対であったかのような「海軍善玉論」が人口に膾炙《かいしゃ》した。が、そもそもこの三人は当時の海軍内では少数派であり、永野こそ主流派だった（野村前掲）。それでは、海軍主流派は、何を目ざしたのか。まず海相時代の永野を追って見よう。

†海相永野

永野は二・二六事件直後の広田弘毅内閣（一九三六年三月～三七年二月）の海相に就任した。秦前掲は「実績に見るべきものはない」と切り捨てているが、それは永野でなくても実現したと捉えるべきだろう。永野の海相時代、外には広田内閣による軍部大臣現役武官制の復活、「国策の基準」と「帝国外交方針」の決定（三六年八月七日。両者に明記された南方への発展は、もちろん平和的・経済的な内容だったが、東京裁判での広田に対する死刑判決の原因になったのではとも言われる）、内には戦艦大和の建造にゴーサインを出すなど、後の歴史に影響を与える重要な事項に関与していた。

軍部大臣現役武官制は、二・二六事件で予備役に編入された真崎甚三郎ら皇道派の陸軍将官の復活を阻止するためという名目だったが、後に陸軍が内閣の死命を制するため悪用したと言われることになる。就任後すぐに陸軍から相談を受けた永野は、あっさりと承認している（軍事史学会編『嶋田繁太郎備忘録・日記1』。以下『嶋田日記』とする）。

また、永野は就任早々「海軍制度調査会」を立ち上げ、第一（日本の国策）、第二（海軍の制度改正）、第三（財政計画）という三つの委員会を設置して検討を開始した。「国策の基準」と「帝国外交方針」の決定は第一委員会の成果であり、海軍はこれらの文書を内閣で正式決定することに異常な熱意を示した（防衛庁防衛研修所戦史室『大本営海軍部・聯合艦隊一』）。海軍を動かしたのは、広田内閣組閣にあたって膨大な軍拡予算を突きつけた陸軍の動向だった。陸軍を牽制しつつ予算獲得においては便乗する、そのためには日本の「国策」を南方に向ける必要があった。予算獲得を合理化するための南方発展という、その後の海軍が繰り返すパターンが、ここで示されたのである。永野個人のパーソナリティがどのように影響したかは測定できないが、まさに主流派と称するにふさわしい。

この海軍軍拡には、日本が軍縮条約体制から離脱したため一九三七年初頭から無条約時代を迎えたという背景があった。海軍は翌年度予算で広田内閣に六六隻もの新造艦艇を骨子とする略称③計画を要求する。もちろん軍拡が青天井となっては、国力に劣る日本は勝ち目がない。主力艦の量的な劣勢を補うため、③計画の中心として口径一八インチ（四六センチ）という空前絶後の主砲を登載する新造艦（のちの大和・武蔵）が構想されていた。しかし、その有効性に対しては、海軍省側から再検討が要請されていた。永野は八月二二日、その必要性を認める裁定を下し、この問題に決着をつけたのである（『嶋田日記』）。

†腹切り問答と永野海相

中沢が何をもって「政将」と表現したかはわからないが、侠気があって政治的な動きに抵抗がないと捉えれば、当を得ている側面もある。もちろん政治的と言っても、陸軍のように露骨に横車を押すわけではなく、自分の立場をわきまえつつ、もめ事があれば調停の労をとることに吝かではないパーソナリティとでも言えようか。彼の「政将」ぶりを窺わせた有名なエピソードは、広田内閣末期の「腹切り問答」調停騒動であろう。

これは、永野が政党勢力と陸軍との対立を調停しようと乗り出した事件である。永野は海軍の拡張予算成立を第一に考えて行動したが、広田内閣に難癖をつけて倒閣に持ち込もうと考えていた陸軍の考えを読めなかったことが失敗の原因だった。

永野は広田内閣の総辞職と一緒に海相を辞すが、転出先は聯合艦隊司令長官。新大臣に就任する米内光政と入れ替わる形となった。いくら人事は海相の専権だからといっても、味噌をつけた海相の行き先ではない。それでも、周囲からそこまで反発もなく済んでしまうところが永野だった(秦前掲)。永野の人柄もあろうが、この人事は伏見宮から直々に命ぜられた経緯もあった(『嶋田日記』)。

このとき永野が発揮した中途半端な義侠心と、ある種のおっちょこちょいさは、日本が危機に瀕した際、国家を致命的な方向へと導くことになる。

†軍令部総長就任

聯合艦隊司令長官をわずか一〇ヵ月間つとめた後、軍事参議官に退いた永野だったが、四一年四月、軍令部総長に就任する。伏見宮の後任である。そもそも皇族を統帥部の長に迎えたのは、宮様の威光を借りて自分たちの主張を通そうとする陸軍に対抗するためと言われてきた(閑院宮《かんいんのみや》が参謀総長に就任したのが一九三一年一二月。伏見宮の軍令部総長就任は三三年一〇月。しかし田中宏巳『東郷平八郎』（ちくま新書、一九九九）によれば、皇族の力で軍の統制を回復させようという東郷の考えは、むしろ陸軍より先行していた）。四〇年一〇月に参謀総長が杉山元に交代したことに加え、国際情勢の緊迫を考えると皇族を戴いたまま重大な決断をした場合、天皇に累が及ぶことが懸念されたためだった。

ここで問題となったのが、人材の払底である。山本五十六が全幅の信頼を寄せていた米内は首相に引っ張り出されて海軍を去り、山本の同期で海軍の将来を担う俊英と目されていた堀悌吉も、大角人事ではるか昔に放逐されていた（第14講参照）。実質的に海軍のトップとなる軍令部総長の重責を担う大将クラスの陣容は、あまりに貧弱だった。

及川古志郎海相からこの人事について相談を受けた井上成美（航空本部長。沢本頼雄次官着任までの約二週間、次官代理をつとめた）によれば、迷ったら先任の大将にして、問題があれば首を切ればいいと進言したという（前掲『井上成美』）。井上は戦後、結果責任を痛感するが、吉田によればすでに伏見宮の意向で永野が選ばれていたという。永野は既に還暦を迎えており、以前のような進取の気性は影をひそめていた。「課長級がよく勉強している」と部下の意見を鵜呑みにするなど、無責任な行動が目立つようになる（同右）。後述するように様々な問題を起こしたが、優柔不断の及川は最後まで永野を交替させなかった。

†永野と南部仏印進駐

一九四一年七月末、日本は南部仏印に兵を進めた。アメリカは八月に対日全面禁輸を断行、日本は枯渇する石油を蘭印（現インドネシア）に求めて一二月に戦争に踏み切った。後世からは火を見るよりも明らかな結果に思えるが、当時は必ずしもそのようには考えられておらず、進駐を推進した陸海軍の軍人のほとんどがアメリカの強硬態度に驚愕した。そして、石油を止められたからといって戦争を仕掛けるのは大義に乏しいという認識も、日本の当事者にはあった。これらが因果の連鎖としてつながって、初めて開戦という選択が可能となる。それをつなげる役割を果たしたのが、まさに永野であった。それでは、なぜ永野はそのような行動をとったのだろうか。

そもそも、南部仏印進駐は、実施された七月より以前に決定されていた。それを巧みにはぐらかして、先延ばしにしていたのが松岡洋右外相だった（森山優「松岡洋右」『昭和史講義3』二〇一七）。六月一一日の大本営政府連絡懇談会（以下、連絡懇談会と略す）で、仏印に兵を入れると英米を刺激すると反対する松岡に対し、永野は突如として「仏印、泰《タイ》ニ兵力行使ノ為ニ基地ヲ造ルコトハ必要ナリ　之ヲ妨害スルモノハ断乎トシテ打ツテ宜シイ　タタク必要アル場合ニハタタク」と発言し、周囲を驚かせた。脈絡なく発される永野の発言が強硬論を勢いづかせたのは、部内に対しても同様だった。

六月二二日、ドイツが独ソ不可侵条約を破って独ソ戦が始まる。すでに六月上旬から開戦の情報をつかんでいた陸軍の内部では、「北進」(対ソ開戦)論が勃興していた。このまま対ソ開戦に引きずられることをおそれた海軍の中堅層は、開戦翌日の二三日早朝に海軍首脳部の会議をお膳立てしたが、ここで永野は突如として「対英米戦」を主張し、それを承けた中堅層が新たな「国策」を起草、これが七月二日の御前会議で決定された「情勢ノ推移ニ伴フ帝国国策要綱」に結実する。それは「南方進出ノ態勢ヲ強化ス」るため「対英米戦ヲ辞セス」という強硬な文言を含んでいた。

もちろん、この「国策」は「非(避)決定」と「両論併記」の典型であり(森山二〇一六)、物々しい文言とは裏腹に陸海軍共に対米戦の覚悟などあるはずもなく、松岡説得のための作文と認識されていた。その骨子は南北いずれにも進出準備をする「南北準備陣」で、具体的に決められた措置は南部仏印進駐だけだったのである。

永野が唐突に強硬論を唱えた理由は、陸軍さらには松岡外相まで主張するようになる「北進」論への対抗だった。永野に限らず穏健派の及川海相さえも「北進」論を意識し、海軍戦備充実には強硬な文言を「国策」に盛り込む必要があると考えていたのである(『沢本頼雄日記』防衛研究所戦史研究センター所蔵。以下『沢本日記』とする)。しかし、戦備の実態を把握している現場の将官たちは、強硬な「国策」の文言に驚き、不満を噴出させた。井上航空本部長、豊田副武艦政本部長を始め、山本聯合艦隊司令長官、古賀峯一第二艦隊司令長官も、「国策」を字義通りに捉え、現状の海軍戦備では対米戦には堪えられないと首脳部を突き上げたのである。ところが永野は「政府がそう決めたんだから仕方がない」と責任を回避した（井上成美「思い出の記」前掲『井上成美』）。

永野が南部仏印進駐が英米との関係を悪化させると認識していたかどうか、確固たる史料はない。しかし、進駐案を見せに行った軍令部第一部長直属の小野田中佐（当時）によれば、永野は珍しく根掘り葉掘り聞いた上で「これで戦争になるな」とつぶやいたという（小野田前掲）。ところが、進駐実施の直前の一五日、永野は近藤信竹次長に対して進駐の再考を提議するなど、最後まで判断がぐらついていた。その直前の連絡懇談会（一二日）でも、日米交渉をすすめるという陸海軍の合意とは逆に消極的な意見を述べるなど、それまでの流れを考慮しない発言で周囲を困らせていた。

永野の悪評は昭和天皇にまで伝わっていた。七月七日に及川が上奏した際、天皇は「永野ハ仏印出兵ハ始メ反対ナリシモ、部下ノ言ニヨリ決心セルヤ」「志ノ二三ニシテハ困ル」「N工作〔日米交渉〕ニモレイタン（冷淡）ナルガ如シ。アレデヨキヤ」と述べ、不信感をあらわにしたのである。及川は適当に取り繕うしかなかった。永野が日米交渉を渋ったのは「右党〔右翼〕等ヨリドウセラル丶カワカラヌト思ツタ」と自ら語っており、世論をおそれて問題が起きることを避けたいという軟弱な理由からだった（『沢本日記』）。

†アメリカの日本資産凍結と永野

第二次近衛内閣は、日米交渉に反対する松岡外相を放逐するため総辞職し、第三次近衛内閣が成立した（七月一七日）。ようやく日米交渉を推進する態勢が整ったかに見えたが、いったん様子見となっていた南部仏印進駐はそのまま実施に移される。新内閣初顔合わせの大本営政府連絡会議（以下、連絡会議とする）で、永野は対米戦について「今ハ戦勝ノ算アルモ」（参謀本部編『杉山メモ』）「日米軍備ノ差ハ年ノ経過ト共ニ大トナル。明年後期ニ至テハ我ハ手モ足モ出ザルベク、今日決意スルヲ可トス。Ｐｈｉｌｉｐｉｎ《（ママ）》ノ如キモ今日ナラ容易ニトレル」と発言し、一同に奇異の感を抱かせたという（『沢本日記』）。実はこの段階で海軍は新内閣に海軍戦備の充実を確約させようと躍起となっていた。七月五日に関特演が開始され、膨大な物的・人的資源が北に投ぜられようとしていた状況だったからである。永野の発言は、これ以上の海軍戦備は不要と周囲から受け取られかねず、海軍の利害からはまずかった。

ところが、永野は本気だった。近藤次長によれば、永野は「此際戦争決定セヨ」と言い、周囲から説得されて表現を緩和した結果の言葉だったのである（同右）。永野の主張は、このままでは日米間の軍事力の差は広がっていくので有利なうちに戦争した方が良いというもので、このような考えを公式の場で表明した責任者は永野が最初である。そして、永野は開戦までこの主張を変えなかった。

「北進」か「南進」かという、およそ脳天気な議論は、アメリカの資産凍結によって冷水を浴びせられた。資産凍結が対日全面禁輸に移行するかどうかは未確定だった七月三〇日、永野は天皇に情勢判断を上奏した。『木戸幸一日記』(下巻、東京大学出版会、一九六六)によれば、永野は戦争は回避したいとの意見だが、三国同盟には反対で、これがある限り日米調整は不可能。もし油の供給が止まれば平時二年戦時一年半分しか貯蔵がないため「打って出るの外なし」と奏上した。天皇から、永野が提出した書面には勝つとあるから信じるが日本海海戦のような大勝利は難しいだろうと訊かれると、永野は大勝利どころか「勝ち得るや否も覚束なし」と答えたのである。つまり「捨ばちの戦」をしようというのであるから、天皇が驚くのも無理はない。

翌日このやりとりを聞かされた木戸は「永野の意見は余りに単純なり」と答え、及川海相に内容を連絡した。本来ならば二度も天皇の不信を買ったわけだから、進退問題となっても不思議はない。しかも、永野本人が記憶力減退のため「ドウモ職務ガ勤マラヌ」などと洩らしている状況にもかかわらず、及川は永野を替えようとせず、単に意思疎通を試みただけだった。しかし、永野は持論を変えようとしなかった(『沢本日記』)。

†九月六日の御前会議と永野

危機に瀕した日米関係を一挙に改善させるため、近衛首相はローズヴェルト米大統領との直接会談を申し入れた。外交での解決は望ましいが、もし失敗した場合には戦争の準備が必要であるというのが、海軍の考え方だった。とはいえ、本当に対米戦に踏み切る覚悟があったのは、永野と海軍中堅層くらいであり、それ以外の海軍首脳部に確固たる信念があったわけではない。しかし、陸軍とくに参謀本部は、日本を対米戦へと引きずり出した。そのような中で九月六日の御前会議で決定されたのが「帝国国策遂行要領」だった。この「国策」は、外交と戦争準備を併行させ、一〇月上旬頃までに外交での解決見込みがなくなった場合は開戦を決意すると定めていた。ところが、肝心の外交条件は玉虫色で、外務省と陸軍の解釈が異なる「両論併記」の状態だったのである（森山二〇一二）。

陸軍の主戦論に不快感を示したのが、他ならぬ昭和天皇だった。御前会議の前日の五日、杉山・永野の上奏に対し、天皇は怒りを顕わにした。南方攻略作戦を五カ月で終わらせると説明した杉山に、天皇は日中戦争が始まった時に中国は一カ月で参ると言ったが（杉山は当時の陸相）、まだ戦争は終わらないではないかと詰問した。あわてた杉山が、中国は奥地が広くと言い訳をはじめたため、激昂した天皇は太平洋は中国より広い、「絶対ニ勝テルカ」とたたみかけた。

杉山は「絶対トハ申シ兼ネマス」と答えざるを得なかったのである（『杉山メモ』）。

ここで「気ノ毒ニ堪」えずと杉山に助け船を出したのが、永野だった。永野は日米関係を盲腸炎手術が必要な病人に喩え（『沢本日記』）、さらに大坂冬の陣の例を出して、短期的な妥協より長期的な平和の確立を訴えた。この説明に機嫌を直した天皇は、近衛の「最後迄平和的外交手段ヲ尽」すという説明を受け、翌日の御前会議開催を了承したのである（『杉山メモ』）。永野の助け船がなければ、天皇が「帝国国策遂行要領」の再考を命じた可能性も否定できない。永野が発揮した義侠心が、対米戦へと回り始めた歯車に弾みをつけることとなった。

†巨頭会談の挫折と第三次近衛内閣の崩壊

当初は巨頭会談開催に乗り気を示したローズヴェルト大統領だったが、対日不信感を懐く強硬派の反対で、徐々に消極的になっていった。近衛は国内とくに陸軍の反対を回避するため、事前に手の内を見せず、会談の席で大幅に譲歩して、そのまま天皇の裁可を取り付けようと考えていた。しかし、アメリカ側が会談の前に細目を詰める姿勢をとったため、近衛は窮地に追い込まれた。対米条件の解釈に幅があった「帝国国策遂行要領」だったが、陸軍が中国における既得権を守るべく執拗に抵抗したのである。その結果、どう見てもアメリカが容認できるような条件ではなくなってしまった。

対米条件を緩和するか交渉を打ち切って戦争に踏み切るか。折しも一〇月三日に到着した米側の提案は、日本軍の中国からの撤兵なしには日米関係の改善は不可能と思わせる内容だった。近衛は条件の緩和に向けて動き出す。海軍も、撤兵問題で日米が戦うのは「馬鹿ナコト」であり、条件緩和が最善という認識だった。首脳部会議で及川海相は、陸軍と「喧嘩トナツテモカマワヌ」覚悟で交渉する腹を示したが、永野は「ソレハドウカネ」と牽制し、足を引っ張ったのである（『沢本日記』）。永野が恐れていたのは、戦機を失うことと、国内対立から内乱となることであった。現在から見て後者の可能性はほとんどなかったが、永野は信じていたという説もある（秦前掲）。

一〇月四日の連絡会議で、永野は「最早「ヂスカツシヨン」ヲナスヘキ時ニアラス」と近衛に圧力をかけたが、それは是が非でも戦争しなければならないという意味ではなかった。一〇月七日の杉山との会見でも、永野は「問題ハ先方ヨリモ当方ニアル故、条件ヲ出来ル丈緩和」して急速に解決することを主張したという（『沢本日記』）。しかし、陸軍は頑として主張を枉げようとせず、近衛は内閣を投げ出した。

†「国策再検討」と永野

首班指名と同時に国策の白紙還元と再検討を命じられた東条は、天皇の意志に沿えるよう、

軍令部・参謀本部連絡会議のメンバー。最前列左から3、4番目が永野、杉山元（1942年8月撮影、毎日新聞社提供）

再検討を開始した。しかし、日本が交渉の条件を緩和しない限り、外交での解決が無理なのは、わかりきったことである。さらに、再検討を命じられたのは陸海両相つまり政府側であり、参謀本部は結論を変える気は毛頭なかった。この困難な課題に取り組んだのが、東郷茂徳外相である。東郷は、二つの新たな対米条件（甲案・乙案）を正式決定に持ち込んだが、連絡会議での検討の過程で、永野は東郷を援護する発言をしている。甲案における中国大陸での通商無差別原則適用（米側の主張）の容認については「通商無差別ナトヤツタラドウダ太ツ腹ヲ見セテハドウカ」と唐突に主張した。また、乙案の南部仏印からの撤兵という条項に猛反対する陸軍を「此案テ外交ヤルコト結構タ」と牽制している（『杉山メモ』）。永野の援護射撃の効果は不明だが、前内閣では為しえなかった条件の緩和に成功したことは事実である。

しかし、永野の主張の背景に、可能な限り譲歩して外交交渉が失敗に終われば戦争に踏み切りやすくなるという考えがあったのは否めない。それでは、肝心の戦争に対する見通しは、どうだったのだろう。

一一月四日の軍事参議院会議で、永野は「対英米戦ハ確実ナル屈敵手段ナキヲ以テ結局長期戦トナル算多ク（中略）見透ハ形而上下ノ各種要素ヲ含ム国家総力ノ如何及世界情勢ノ推移如何ニ因リテ決セラルル処大」と説明している。つまり、英米を降伏させる手段はなく、形而下（物質）では勝ち目がないのだから、結局は形而上の要素と環境次第、要するに精神力と神頼みしかないということである。長期戦化を見通しながら、それに対応する戦備は計画すら出来ていないので、当然といえば当然である。それでは、このようなあやふやな見通ししか持てなくても、戦争の方が他の選択肢より有利だと判定した根拠はどこにあるのだろうか。

そもそも、いま直ちに戦争に突入した方が有利であるという判断には、二年後に石油の備蓄がなくなってからアメリカに攻撃されたら手も足も出なくなるという危機感があった。しかし、果たしてアメリカは攻めてくるのだろうか。一一月一日の連絡会議で、賀屋興宣蔵相は永野に対し、このまま事態が推移した場合、三年後（石油の備蓄は二年分なので三年目が正しい）にアメリカ艦隊が来攻する可能性と勝利の見通しを執拗に質問した。これに対する永野の主張は、アメリカが攻めてくるかどうかは不明だが、直ちに戦争に踏み切って地盤をとっておいた方が三年後に始めるより容易というだけで、肝心の勝算は不明という無責任なものだった。そもそも、将来アメリカ艦隊が攻めて来なければ、日本は無用な戦争に自ら飛び込むことになる。賀屋や東郷が反対するのも当然だった。海軍の長老（岡田啓介や米内）や首脳部の一部（山本五十六や沢本次官）も同様である。しかし、海相就任当初は穏健な考えだった嶋田繁太郎が永野の考えに同調するに至り、日本は破滅への道を歩むことになった。

開戦過程を検討していくと、永野の対米戦に関する主張は、七月から全くブレていない。問題は、七月には「余りに単純」と評された永野の意見が、結果的に大勢を占めることになったことである。それは戦争が、目的として追求されてきたわけではなく、それ以外の選択では起こるかもしれない何ものかを避けるために、やむを得ず選ばれた性格が強かったことに起因するだろう。

それでは、永野は主観的には何を避けたのだろうか。まず第一に彼が避けようとしたのは、海軍が体面を失うことであった。戦争の目算が立たないと正直に言えば、海軍は存在意義を失う。もちろん、勝てるとは思えない。この状況を切り抜けるための絶妙な言い回しが、戦機は今、三年後は不明、であった。そして、彼は戦争をするかしないかは政府が決めることという態度をとり続けた。この態度は、軍は政治に従うべきとする立場からは評価できるが、明治憲法体制からすると統帥部の輔翼責任を放棄したことと同じであり、無責任の誹りを免れないだろう。次に永野が避けたのは、今までの議論に出てきた通り、戦機喪失である。時間の経過は石油の枯渇と英米の防備の進展をもたらし、攻略作戦は困難さを増していく。

さらに彼が避けたのは（あくまで彼の主観だが）、陸海軍の対立と内乱である。対米条件の緩和が交渉に不可欠と認識しながら、海軍が主体となって陸軍と衝突することを避けた。あくまでも散発的に東郷を側面から支援するにとどまったのである。内乱に怯えたと批判されても仕方ないだろう。

そして、彼が最も避けたかったことは、そのまま時が経過して石油が枯渇し、海軍が動けなくなった段階で、アメリカに攻められることだった。戦わずして軍門に下ることは軍人として最も恥ずべき事である。

永野の行動は、これらを避けるためであったと考えると、論理的整合性が高い。しかし、結果から考えてみよう。海軍の体面は、戦機を失わず攻略作戦を成功させたことで一時的に保たれた。しかし、敗戦によって体面どころか全海軍を喪う結果となった。確かに戦争を選択したことで内乱もアメリカ艦隊の来攻も起こらなかったが、元々それは杞憂であった。永野が「よく勉強している」と信頼した課長級の一人である小野田は敗戦後、当時「アメリカの東洋侵略を必至と思い込んでいた」と心情を吐露している。まさにあり得ないものに怯えて「あわてて刀を抜いて、相手に切りかか」る（小野田前掲）選択を、永野も支持したのである。しかし、それは海軍のみならず、当時の日本の大勢でもあった。目先の困難（妄想も含め）を避けようとするあまり大局を見失い、自ら破滅への道を選んでしまった。その意味で永野は、滅び行く大日本帝国を体現した人物だったと言えよう。

さらに詳しく知るための参考文献

評伝

吉田俊雄『四人の軍令部総長』（文藝春秋、一九八八。のち文春文庫、一九九一）……吉田は元帥時代の副官。ノン・フィクションのため、研究としての利用は注意が必要だが、一般的なイメージを知るには好適。

井上成美伝記刊行会編『井上成美』（井上成美伝記刊行会、一九八二）……井上の辛辣な永野観が窺える「井上と海上自衛隊幹部学校長との座談記録」が収録されている。

永野美紗子『海よ永遠に――元帥海軍大将永野修身の記録』（南の風社、一九九四）……永野の『獄中日記』や書簡、関係者の回想により構成されたもの。証言は貴重だが、遺族の手になるため一定のバイアスがかかっていることは否めず、利用には慎重な判断が必要である。

野村実「永野修身　海軍多数派の代表」（『別冊歴史読本』第九七（二九五）号、一九九五）……短文だが、要点をおさえた評論。

研究

防衛庁防衛研修所戦史室『大本営海軍部・聯合艦隊一』(朝雲新聞社、一九七五)……まずは繙くべき公刊戦史。執筆は、海軍OBでもあり、海軍研究の第一人者であった野村実。

森山優『日本はなぜ開戦に踏み切ったか――「両論併記」と「非決定」』(新潮選書、二〇一二)……当時の日本の複雑な政策決定システムの特徴を、「両論併記」「非決定」という概念で分析した森山『日米開戦の政治過程』(吉川弘文館、一九九八)に、新たな知見を加えて一般向けに再構成したもの。四一年七月末の在米日本資産凍結以降の時期を対象としている。

森山優『日米開戦と情報戦』(講談社現代新書、二〇一六)……タイ・仏印施策と南部仏印進駐の決定過程を、松岡が果たした役割を中心に明らかにした。その判断の基盤となった情報《インテリジェンス》についても実証的に解明。さらに、アメリカが解読した日本の外交電報を、どのように解釈したか、という問題にも踏み込んだ。

畑野勇「日米開戦と海軍」筒井清忠編『昭和史講義2』(ちくま新書、二〇一六)……先行研究が簡潔にまとめられており、有用である。

史料

軍事史学会編『海軍大将嶋田繁太郎備忘録・日記1』(錦正社、二〇一七)……永野の海相時代(嶋田は軍令部次長)、日米開戦期を知る上で重要な一次史料である。

参謀本部編『杉山メモ』(原書房、一九六七)……当時の参謀総長杉山元陸軍大将が、大本営政府連絡懇談会・会議、御前会議、天皇への上奏等の直後に下僚に口述筆記させた議事録。もちろん、その成立の経緯から潤色は避けがたいが、他の出席者の同種の記録が断片的なため、質・量共に圧倒している。研究者必須の一次史料。

第12講 高木惣吉――昭和期海軍の語り部

手嶋泰伸

†「傍流」を歩んだ海軍軍人

高木惣吉《たかぎそうきち》（一八九三～一九七九）は、海軍省大臣官房臨時調査課長、同調査課長、海軍省教育局長などを歴任した海軍軍人であり、終戦時の階級は少将であった。年齢的に、一九三〇～四〇年代に艦隊の司令長官や大臣といった職に就くことはできなかったし、実際に艦長や中央官衙の要職にあって、華々しく活躍したわけでもなかった。それでも高木惣吉の名が日本近現代史に関心を持つ後世の多くの人の記憶にとどめられているのは、彼の残した日本海軍に関する多数の著作物と、終戦時に米内光政や井上成美などを補佐して、終戦工作にあたっていたという経歴のためであろう。

高木は一九二二年に海軍大学校を卒業し、一九二八年一月から一九二九年一一月までの約二年間、フランス駐在武官を務めた。同期トップクラスの昇進とまではいかないまでも、海軍の中でそれなりの地位に就くことは十分に期待できたであろうが、彼は一九三二年に肺結核にかかってしまい、その後は海軍大学校教官や調査業務に従事することになってしまう。彼の健康上の問題は、しばしば重要な転機で再燃し、結局彼は艦長や戦隊司令等での華々しい艦隊勤務とは無縁の道を歩むことになるのであった。

海軍では、そうした艦長や艦隊司令長官などが栄職とされる傾向が強く、情報収集などの業務は軽視されていた。高木は、いわば「傍流」の海軍軍人であったわけである。だが、「傍流」であったがために、彼は様々な政界情報に触れることができ、それを書き留めていったことから、彼の手もとに残された文書は、現在、昭和戦時期研究の一級史料の一つに数えられている。彼の関係文書は二〇一八年現在、国立国会図書館憲政資料室と防衛省防衛研究所図書館、海上自衛隊幹部学校の三ヶ所に所蔵されており、前二者のものは編年形式に編纂され、伊藤隆他編『高木惣吉　日記と情報』上・下（みすず書房、二〇〇〇）として刊行をみたことで、多くの研究者によって活用されている。高木も自身の記録をもってして、『山本五十六と米内光政』（文藝春秋新社、一九五〇）、『太平洋戦争と陸海軍の抗争』（経済往来社、一九六七）、『自伝的日本海軍始末記』（光人社、一九七一）、『自伝的日本海軍始末記〈続編〉』（光人社、一九七九）といった多数の著作を発表し、「陸軍の横暴」と「政治的に脆弱な海軍」というイメージを一般に流布させることなるのであった。

そうした海軍の中では特異な経歴と活動から、高木はしばしば海軍の中では例外的に「政治的な」人物として高く評価されることが多い。だが、それにもかかわらず、前述のように、彼は要職・栄職に就けたわけではなかった。一九三〇～四〇年代における、彼の政治的な活動や評価は、どのようにとらえればよいのであろうか。

†第一次日独伊三国同盟交渉

高木惣吉（1893-1979）

高木惣吉は戦後の著作のなかで、米内光政や山本五十六、井上成美といった人物を高く評価しており、戦争の末期には米内や井上のもとで終戦工作に従事していたことから、その以前から彼らに連なる存在であったとみなされることが多い。
しかし、一九三八年七月頃から展開された、日独伊防共協定を強化して対英軍事同盟を結ぼうという第一次日独伊三国同盟交渉（防共協定強化交渉）では、同盟を推進しようとする多くの中堅層と歩調を合わせていた。中堅層の同盟に対する態度を高木がとりまとめて執筆し、元老西園寺公望の私設秘書であった原田熊雄にも手交された一九三七年一二月一七日付の「日独伊協定ニ関スル所見」という文書には、対ソ戦を目指す陸軍を抑止し、海軍の予算を獲得するためにも、英仏を対象とすることが必要であると書かれている（『高木惣吉　日記と情報』）。当時は日中戦争の解決が大きな課題として認識されており、イギリスを牽制して極東情勢に介入させないことは、そうした点からも重要であった。そのため、対英軍事同盟に反対する海相の米内光政を、一九三九年一月二三日の日記で高木は「海軍大臣ノ当初ヨリスル三国協定ニ対スル深キ考察ノ足ラザルヲ遺憾至極ニ痛感ス」と批判をしていたりもする（『高木惣吉　日記と情報』）。

結局のところ、一九三九年五月頃から、それまで対立していた首脳部と中堅層は、一致して同盟に反対するようになる。理由としては、アメリカにおける中立法審議の停滞や、英ソ交渉の難航によって、英米が極東で日本に対して強硬姿勢をとる可能性が低くなったため、三国同盟に頼らずとも中堅層の考えるイギリスの極東情勢への介入阻止が実現できる見通しがたったことなどが、主に考えられている（加藤一九九五）。最終的に、一九三九年八月の独ソ不可侵条約締結と、それを受けて「欧洲の天地は複雑怪奇なる新情勢を生じたので」という声明とともになされた平沼騏一郎内閣の総辞職により、同盟交渉は打ち切りとなった。

以上のような経緯をたどった同盟交渉の中で、高木が問題視したのは、海軍の政治姿勢であった。海軍は主観的には政治に関わることを伝統的に避ける傾向があったわけだが、同盟交渉の最中、最後にはある程度意見を一致させるも、時には首脳部に憤り、幾度も陸軍に振り回されることで、高木は海軍も積極的に政治情報を収集・活用し、様々な方法で政治的立場や主張を固める必要があるのではないかと考えるようになった。もともと、一九三六年に臨時調査課に赴任した高木は、議会の答弁資料を作成するなかで、海軍の予算消化方法が場当たり的であると感じ、その原因を良質な政治情報の不足にあると考えたことから、自身が一九三七年一〇月に臨時調査課長となってから、海軍部内に収集した政治情報を「政界情報」としてまとめ、回覧するということを行なっていた。同盟交渉の混乱を経験するにおよんで、高木はさらに海軍の政治力を強化する方途を模索するようになる。

†民間人ブレイントラストを組織

一九三九年一一月に高木は海軍大学校教官として転出したが、一九四〇年八月に新体制準備委員会補佐として海軍省に戻り、一一月には再び調査課長（臨時調査課は一九三九年四月に調査課となる）に就任した。わずか一年で再び同じポストに就くということは異例である。その間においても、高木は原田熊雄らとの接触を続けており、海軍外部とのつながりを意識していた。

調査課長に再任後、かねてから考えていた陸軍と比較した際の海軍の政治力不足を解消するために、「各界の人びとから忌憚のない意見を聞き、お知恵拝借とともに、有識者を介して国民の強いバックアップを盛り上げ」ることを目指して、高木は海軍独自のブレイントラストを組織したのであった（高木惣吉『太平洋戦争と陸海軍の抗争』）。つまり、高木はそうしたブレインによって、政策の立案能力を向上させるとともに、政策を外部に浸透させることを期待していたのであった。

ブレインとして嘱託されたのは東京帝国大学法学部教授であった矢部貞治をはじめとした五〇名程度の有識者であり、それらを政治懇談会・外交懇談会・思想懇談会・総合研究会といった専門分野ごとに細分化し、懇談会ごとにまとめ役として幹事をおき、様々な問題を議論させていった。政治懇談会や総合研究会の中心であった矢部貞治ら、特に核となるメンバーが非常に熱心に活動していたことについては、伊藤隆『昭和十年代史断章』（東京大学出版会、一九八一）に詳しい。謝金等の所用経費については、官房機密費とすることがすでに海軍次官の豊田貞次郎によって決裁もされており、ブレインは活発な調査活動を展開していた。そうした活動の議事録や、結果としてまとめられて部内に回覧された文書などは、土井章監修『昭和社会経済史料集成――海軍省資料』の中に収められている。

右のような特異な活動から、高木の政治力は評伝等で高く評価される傾向にある。だが、このブレイントラストを組織したことが、海軍の政治力の強化にどれほどの効果をもたらしたのかということについては、留保が必要である。ブレインの組織後も、調査課の威信がとりたて

1941年4月、横須賀鎮守府を訪問した海軍ブレイン有志。前列左から4番目が安倍能成、一番右が高木調査課長、後列左から6番目が矢部貞治（藤岡1986より）

て高くなったわけではない。嘱託という制度自体はブレインの組織前からあり、その研究事項は軍事的見地を離れた、機密度の低いものであった。ブレインの組織後の研究事項は、海軍にとって比較的眼前の課題となっていったようであるが、それも機密保持を少々犠牲にしてでもブレインの活用価値を高めたいという高木個人の判断による部分が大きく、海軍全体の政治姿勢はほとんど変わらなかったと考えてよい。加えて、ブレイントラストの有識者が展開する学術的な議論を、高木をはじめとした調査課が吸収できないこともままあった（手嶋二〇一三）。

そのため、次官が沢本頼雄に代わってからは機密費の財布も固くなったようである。

ブレイントラストと調査課が政局や政策立案過程に大きな影響力を持っていた可能性は低いと言えるであろう。

†民間人ブレイントラストとの政治工作

ブレイントラストを整備していくにしたがって、高木の政治活動は大きく変化していった。それまでの高木の政治活動は単なる政治家や官僚との接触による情報の収集といった段階にとどまっていたが、積極的な政治介入を行う場合も出てきたのである。

例えば、一九四一年一〇月に第三次近衛文麿内閣が総辞職したことにより、高木と一部のブレインは後継内閣首班として予備役海軍大将の末次信正を擁立しようとした。だが、陸軍や宮中グループからの支持を全く得られず、あっけなくこの工作は失敗に終わった(同前)。政治介入を極力自制する傾向の強かった海軍では、大臣―次官―軍務局のライン以外での政治的策動は異端であり、そうしたラインに乗ることができなかった高木には、いかに情報収集に長けていたとしても、それを活用して外部に政治的影響力を及ぼす経験と力量が不足していた。

一九四一年一二月の日米開戦後、短期間で東南アジアの大部分を占領した日本は、そこで軍政を敷くことになった。海軍の軍政中央機構である南方政務部の部長は軍務局長が兼任し、副長を調査課長の高木が務めることになったが、司政長官や司政官を引き抜く際には、高木がそれまで蓄積していた人脈が役に立った。高木は委嘱した人材とともに、南方民政府の総務局長として現地に赴任するはずであったが、結核の後遺症のためにそれがかなわず、結局は一九四二年六月に舞鶴鎮守府参謀長への転出を余儀なくされてしまう。

ブレイントラストの中心人物であった高木が東京を離れたことによって、そのブレインの活動は残された調査課の課員と矢部貞治ら数人の人物の手で、細々と続けられる程度に低調なものとなってしまった。

高木は軍令部出仕として一九四三年九月に舞鶴から東京に戻り、一一月に海軍大学校研究部員に、一九四四年三月には海軍省教育局長に就任した。高木が東京に戻ってくると、矢部らブレインは再び高木と接触しようとするようになる。ブレインの多くは、戦局挽回のために東条英機内閣の更迭が必要と考えていたのであった。

高木自身も東条内閣倒閣運動を展開していたことを、戦後に自身の日記に補筆のうえ、『高木惣吉日記――日独伊三国同盟と東条内閣打倒』(毎日新聞社、一九八五)として出版することで回想しているが、高木はブレインとともに一貫して倒閣運動を目指していたわけではなかった。戦局挽回のためにはむやみに政変をおこすべきではないと考えていた時期もあり、矢部らブレインから失望されることがあった。高木も倒閣運動を展開するようになるのは一九四四年六月末以降のことであり、矢部らブレインと協力し、宮中や予備役大将をはじめとした広範囲に東条内閣更迭を訴えていった。

ただし、彼らの運動だけで東条内閣が倒閣されたわけでは決してない。むしろ彼の運動は戦局挽回のために海相を更迭することに目標が置かれていたため、海相が嶋田繁太郎から野村直邦に交替して東条内閣が居座りを決め込むと、行き詰まりを見せるのであった。その総辞職には宮中グループや重臣グループの動向が大きく影響していた（手嶋二〇一三）が、いずれにせよ東条内閣が更迭されたことによって、高木は次の小磯国昭内閣期以降、終戦工作に従事することになるのであった。

†終戦工作

高木だけでなく、当時の日本人のほとんどは、無条件降伏で戦争を終えることなどを考えてはいなかった。そのかわり、どこかで一度でも戦闘に勝利をおさめ、できるだけ有利な条件で講和をしようとしていたのであり、東条内閣の倒閣は戦争を終結させるためではなく、東条では軍事的な挽回が望めなかったからであった。海軍内で人望のあった米内光政が小磯国昭内閣で海相に復帰をすると、海軍は自己の本来の任務に立ち戻ろうとした。

そうした中、一九四四年八月二九日に、海軍次官となった井上成美に高木は呼び出され、「戦局の後始末を研究しなけりゃならんが、こんな問題を現に戦争に打込んで仕事をしている局長に吩付《いい》けるワケにはいかん。そこで大臣は君にそれをやって貰いたい」と命じられた（『高木惣吉日記』）。「現に戦争に打込んで」いるものたちに和平工作のことなどが漏れては、士気が低下して和平交渉に必要な軍事的挽回も望めなくなることから、高木の仕事は隠密裏に行わなければならず、教育局長を解任された高木は、表向き病気療養とされた。

小磯内閣の崩壊が意識され始めた一九四五年一月以降は、陸軍・外務省・宮中と終戦に向けての情報交換を開始した。三月には内大臣秘書官長の松平康昌と会見し、和平ルートや天皇の「聖断」による和平工作の開始など、かなり具体的なことが話し合われるようになった。そうした終戦研究の概要をまとめて、五月には海相の米内光政に提出したのであった。

その後、鈴木貫太郎内閣は一九四五年六月にソ連を仲介とする和平交渉の始動を決定し、七月には近衛文麿を特使としてソ連に派遣してスターリンと直接交渉させるための準備が行われた。高木はその随行員に内定しており、その訓令案や交渉戦術等について、宮中の松平康昌、陸軍の松谷誠、外務省の加瀬俊一らと頻繁に会合し、和平交渉案をすり合わせていった。

そうした研究のために、高木は東京帝国大学教授の矢部貞治に依頼し、ブレイントラストも編成した。矢部を中心としたブレインは数度の研究会を開き、八月八日の会合において、矢部がその時点までに研究したことをまとめて報告したのであった。だが、周知のように、そのときには既に、極東ソ連軍は満州へ侵攻する準備を終えており、八月九日未明、ソ連の対日参戦がなされた。これによって、交渉による和平の道が完全に断たれたことにより、日本は無条件降伏を決意せざるを得なくなった。

ソ連は和平交渉を仲介する意思など全く無かったが、それしか現実的にとり得る選択肢の無い高木らは、七月から八月上旬にかけて準備をしながらも、ソ連からの回答が無いことに焦りを募らせていた。高木がそれまで積み重ねてきた交渉による和平のプランは、とどのつまりはお蔵入りとなったのであった。

†米内の側近として

戦後、高木が極秘の終戦工作に携わっていたことは非常に有名となるも、高木が日本の終戦に直接大きな役割を果たしたというのは言い過ぎであろう。前述したように、高木が心血を注いで取り組んでいたのは交渉による和平というシナリオであり、それはソ連の対日参戦という状況によって、無条件降伏を日本が決意せざるを得なくなると、ほとんど役に立たなかった。中堅層の間で話し合われていた事項の中には、「聖断」による終戦というシナリオをもあったが、それは別の複数の政治主体も考慮していたものである。無条件降伏を決定するための議論は、最高戦争指導会議構成員会議や閣議などといった、極めて密室化された空間で行われており、そこに高木らが関与できる余地などはほとんどなかった。

高木が終戦工作に携わったことの意味は、そのことで彼のもとに蓄積された膨大な情報が、現代の我々が当時の様子を知るための手掛かりとなるということである。降伏決定時の議論は密室化されていたがために、そこでの議論や各人の言動や思惑などには、自然と不明な点が多くなる。高木が職務上収集し、残した膨大な情報は、戦時期の政治過程を検討するうえでの貴重な史料となるのである。

特に、当該時期の米内の言動については不明な部分が非常に多く、そうした中で高木の残した史料は数少ない米内の肉声を記録したものであると言えよう。極秘を要することが非常に多く、誰にも相談できない戦争の終結という問題について、高木は米内が海軍内で唯一そうした話題について会話を交わすことができた人物かもしれない。彼の残した史料には、「部内ガ分裂スルコトハ私ノ責任トシテマコトニ重大デアルガ、然シ悲観モシナイ。大シタコトニハナラヌト看テ居ル」や、「言葉ハ不適当ト思フガ、原子爆弾ヤ蘇聯ノ参戦ハ、或ル意味デハ天佑ダ。国内情勢（引用者注――ここでの「国内情勢」は軍需物資の枯渇のことである）デ戦ヲ已メルトイフコトヲ出サナクテ済ム」といった、米内の赤裸々な発言が記録されている（『高木惣吉　日記と情報』）。

先述したように、第一次三国同盟交渉の際、調査課長である高木は海相の米内を何度か痛烈に批判していた。戦後の著作の中で、戦争の末期に米内に再び会った際の印象を「総理をやった後はズッと話し易い人柄になつていた」と述べている（『山本五十六と米内光政』）。戦後の著作のなかで、高木は米内のことを高く評価しているが、高木と米内との間に本当の信頼関係が生まれたのは、この戦争末期の時期とみて良いであろう。

†高木惣吉の歴史的位置付け

陸軍に比べ、伝統的に政治介入に消極的であった海軍の中にあって、民間人ブレイントラストを組織し、米内の側近として終戦工作にもあたった高木惣吉は珍しい存在であり、その政治力が伝記等で高く評価される傾向は強い。確かに、ブレイントラストによる政策立案のための情報収集やその検討は、政治力の源泉としては非常に重要である。だが、政治力とはあくまでも、意見がどれだけ実際の政治過程に影響を与えたのかという点ではかられなければならない。情報を収集しながら、その情報から構築された政策を実際の政治過程に反映できない政治主体の政治力は、やはり高く評価することはできない。

高木が長けていたのは、膨大な政治情報を収集・分析することであり、彼はそれによって学術的な見地から海軍の政策に厚みを持たせようとしていたが、重要な局面では政治過程に影響力を発揮できたわけではなかった。終戦時のソ連の対日参戦のように、彼にどうすることもできなかった要因によってそうなった場合ももちろんあるが、東条内閣の末期にみられたように、彼らの倒閣運動が行き詰まりをみせたこともあれば、第三次近衛文麿内閣末期の末次信正内閣運動のように、完全に失敗したこともあった。彼が海軍時代に結局のところ要職と言える地位になかなかつけなかったのは、彼の健康の問題以上に、そもそもの彼の得意とした分野や政治スタンス、そして、その政治的な力量によるところも大きい。

彼自身、その海軍人生を振り返り、働きそびれたと感じていたようである。彼は一九四五年八月二九日に、東久邇宮稔彦内閣で新しく設置される内閣官房副書記官長への就任を打診された。その日の高木の日記には「個人トシテハ、内閣ノ生命ヤ使命、海軍ノ現状等カラト、此ノ際陸軍ノ向フヲ張ツタ様ナ外形的形デ内閣ノ要職ノ就クコトハ希望セズ、但シ、今日尚大臣ノ隷下ニ在リ、戦地ニモ『モスコウ』(近衛特使ト蘇聯ニ行ク予定ナリシガ)ニモ行キ損ヘル身柄トテ、一働キセヨトノ命ナレバ如何ナル所ニデモ勤務スベシ」と記していた。高木は九月一五日に予備役に編入となり、一九日内閣官房副書記官長に就任するも、東久邇宮内閣がすぐに総辞職となったため、彼もその職を辞すことになった。以後、高木は目立った公職につくことはなく、自身が蓄積してきた資料をもとにして、著述活動を行うこととなるのであった。

さらに詳しく知るための参考文献

伊藤隆『昭和十年代史断章』(東京大学出版会、一九八一)……高木が組織したブレイントラストの中心人物である矢部貞治の日記をもとにして、その活動を概観した研究。矢部の動きに重点が置かれているが、ブレインの活動の様子を克明に明らかにしている。

伊藤隆他編『高木惣吉　日記と情報』上・下（みすず書房、二〇〇〇）……複数の史料所蔵機関に収蔵されている高木の関係文書を編年形式に収録した史料集。なお、高木の日記には、本人が補筆して刊行した高木惣吉『高木惣吉日記』（毎日新聞社、一九八五）もある。

加藤陽子「第一次日独伊同盟交渉」（海軍歴史保存会『日本海軍史』第四巻、第一法規出版、一九九五）……第一次日独伊三国同盟交渉時の海軍内部について詳細に記述した研究。

畑野勇「日本海軍の戦争指導と社会科学者・技術官僚の役割」（小林道彦・黒沢文貴編『日本政治史のなかの陸海軍――軍政優位体制の形成と崩壊　一八六八～一九四五』ミネルヴァ書房、二〇一三）……海軍の民間人ブレイントラストについて扱った研究。海軍が有識者の提言を十分に活用できなかった点を明らかにしている。

兵頭徹「海軍省調査課と嘱託の役割」一～七（『東洋研究』二〇〇五～二〇一一）……『東洋研究』に連載されたこの一連の論文は、高木をやや高く評価しがちであるが、その活動の時系列的な整理を行っている。

藤岡泰周『海軍少将高木惣吉―海軍省調査課と民間人頭脳集団』（光人社、一九八六）……戦時中、海軍省調査課にも勤務した経験のある藤岡泰周による高木の評伝。高木をやや高く評価しがちであるが、高木の伝記としては参照に値する。

手嶋泰伸『昭和戦時期の海軍と政治』（吉川弘文館、二〇一三）……筆者による高木惣吉の史料を使用して昭和戦時期の海軍の動向を明らかにした研究書。

手嶋泰伸「高木惣吉日記」（土田宏成編『日記に読む近代日本4　昭和前期』吉川弘文館、二〇一一）……筆者による、「高木惣吉日記」の紹介。本講と内容において重なる部分も多い。

第13講

石川信吾――「日本海軍の最強硬論者」の実像

畑野　勇

†石川への注目の高さと歴史的評価の不統一

日本海軍にとっての対米英開戦へのあゆみを考察する時、海軍省や軍令部の中堅層（事務当局）における強硬論者（主戦論者）の筆頭に挙げられるのは石川信吾《いしかわしんご》（一八九四～一九六四。海兵四二期、終戦時少将）である。彼の経歴において、海軍部内での対米英開戦決定に際して最も大きな影響力を発揮したとされるのは、海軍省軍務局第二課の課長時代（一九四〇年一一月から一九四二年六月）に、海軍省・軍令部を横断する組織として設置された国防政策第一委員会（以下、第一委員会）のメンバーとして実質的に同委員会をリードし、南部仏印進駐から石油禁輸以降、開戦まで強硬論を唱えた時期である。

よく知られていることであるが、この委員会は一九四一年六月五日付で、「現情勢下に於て帝国海軍の執るべき態度」と題する文書をまとめ、及川古志郎海軍大臣や永野修身軍令部総長らに提出した。この文書では「豪、仏印及蘭印は帝国自存上已む得ざれば、武力を以てするも之を確保するを要す」と記され、そして「米(英)蘭が石油供給を禁じたる場合」には「帝国海軍は猶予なく武力行使を決意するを要す」とされていた。この文書が一九六三年に朝日新聞社から刊行された『太平洋戦争への道』で初めて一般に公表されたとき、海軍(とくに石川に代表される中堅層)が対米英開戦の決意を早くから固め、南部仏印への進駐に踏み切ったとみる向きも多かったのである。

それから半世紀以上の年月が経過する間に、石川や他の中堅メンバー(とくに、第一委員会の幹事役をつとめた一人であり、石川のもとで軍務二課に勤務していた藤井茂中佐)の日記、あるいは大本営陸軍部第二〇班(戦争指導班)の「大本営機密戦争日誌」などを参照した実証研究が、森山優氏によって大いに進展した。その結果、たとえば「第一委員会(あるいは石川)が海軍部内の思想を統一し、南部仏印進駐や開戦へと導く原動力となった」というような評価は修正を要する、という理解が、すくなくとも学術の世界では一般的である。しかし旧陸軍関係者を中心に、「(石川は)『南部仏印進駐は陸海軍統帥部の強い主張に基づくものであったが、その場合米英の全面禁輸を受けるものと予期していた。作戦上の理由からこの年の秋(一〇、一一月)における開戦は必至と考えられていた。それは常識化していた。私は対米戦をやるならばこの年の秋だと早くから確言していた』と述べているのである。これほど明確に断言した者は他にいない」（原四郎『大戦略なき開戦』原書房、一九八七）として、開戦に至った要因として石川ら海軍軍人の観測判断を重要視する見解も見られる。

また、石油禁輸を受けて石川らが（陸軍中堅層と共通の観測に立ち）開戦に向かって政策決定をリードしたという見解も、たとえば「アメリカから対日石油禁輸をうけるにおよび、陸海軍の局部長クラス→陸海軍の上層部→政府首脳という径路で戦争意思は固まり、終に御前会議（一二・一）で正式の戦争決定を見たのである」（細谷千博「対外政策決定過程における日米の特質」細谷他編『対外政策決定過程の日米比較』東京大学出版会、一九七七に所収）という分析として存在しており、この見解に賛同する向きも多いようである。

石川信吾（1894-1964）

†石川自身の回想記録とその問題点

対米英開戦をめぐる石川の主導性について、現在でも評価が一定しない理由の大きなものは、石川自身が遺した一次史料が乏しいことである。現在存在が知られているものは、彼が一九三八年から四三年まで断続的に記していた日記（防衛研究所図書館所蔵）と、一九三三年・一九三六年にそれぞれ記された二つの意見書（後出）だけであり、また第一委員会の調製文書で存在が確認できるものは、前出の六月五日付文書が唯一である。

他方で、石川の交友が、当時の海軍軍人の中では例外的に相当な広がりをもっていたことは有名であり、彼の名前は関係者による多くの証言（とくに戦後のもの）や日記（加藤寛治日記、高木惣吉日記、石井秋穂日記など）で登場する。ただ、石川に言及した戦後回想の大部分は、前出の第一委員会で調製された文書と、その数年後に刊行された彼自身の回想記である『真珠湾までの経緯』（時事通信社、一九六〇）の内容を意識してなされているように見受けられる（石川はこの他にも、水交会での談話記録や防衛研究所図書館所蔵の回想を遺しているが、対米英開戦までの時期における彼自身の言行については、この著作の内容とほとんど一致している）。

やや詳細に述べると、石川は同書の「まえがき」において「日本が支那事変を放棄しないかぎり、日米開戦は必至であると考えていた。私には政府首脳の動静が『支那事変完遂』の政策と『対米開戦回避』の希望とが両立するかのように考えているとしか思えなかったので、開戦避くべからざる場合に統帥部が勝算を失わないための条件として主張していた開戦の時期を、政府の煮えきらぬ態度によって逸することのないように、私の最善を尽くしたのである」と記し、その方針に沿って自身が行動した記録が本文に記されている。戦後の石川についての関係者の回想（あるいは歴史的評価）の大部分は、この内容に沿って、「彼が対米英戦争を早くから意図的に主導した」という前提で記されているように感じられる。

しかし彼の回想が、どこまで正確な史実を記しているかと言えば、数多くの疑問が生じる。石川が右に掲げた自己の方針に基づいて行動したとしている例の一つとして、一九四〇年の日独伊三国同盟の締結問題における記述がある。それは「当時興亜院政務部第一課長（大佐）であった石川が九月三日、海軍大臣室において軍令部第三部長の岡敬純（少将）同席の上で吉田善吾大臣に会い、同盟に賛成するかどうかの腹を決めるべきであると意見具申したが、吉田は決断出来ずにその晩に倒れて入院した。その後任に及川古志郎が就任するにあたって、近衛首相の意を受けた内閣書記官長から『後任は及川で海軍は大丈夫か』と石川に問い合わせがあり、石川は及川に『三国同盟についての腹を決めた上でないと、大臣をお引き受けになってもまずいことになると思います』と進言した」という主旨である。

石川はまた、水交会での談話記録において「及川大将が海軍大臣に就任後、三国同盟に就いて海軍首脳部の間に如何なる所信を披歴されたかは私は全然知らない。昭和三一年某月号文藝春秋に当時の海軍次官豊田（貞次郎）中将が『当時海軍が三国同盟締結に同意したのは大勢に順応したのだ』と語ったように書いてあるが、これは私には納得が出来ない。万一大勢順応でアッサリ片付けたのであるとしたら、甚だ無責任であると言わなければならない」と、同盟締結に際しての首脳部の定見のなさを批判している。

ところが、国立国会図書館の憲政資料室で近年公開が開始された阿部勝雄（当時の海軍省軍務局長、少将、海兵四〇期）の日記によれば、この九月三日もその前後数日間でも、海軍大臣を中心とする部内の動向において石川の名は登場せず、吉田善吾自身の手記においても、石川との面会という記録は見られない（横谷英暁「『阿部勝雄日記』から見た三国同盟の締結」『政治経済史学』五八四、二〇一五より）。

石川の回想において注意すべきことは、彼が執筆（あるいは談話）において正確なデータに基づく史料を参照せず、自身の日記（これも、三国同盟締結前後の時期の記述はない）以外は、全くの記憶に頼って執筆したと考えられる点である。そしてその内容は、前掲の自身の対米観に即して、一貫して彼が責任ある行動をとったという観点で記述されている（なお石川は、アメリカの極東政策の硬直性・侵略性を強く非難した点で戦中戦後一貫していた）。おそらくこのような点を考慮したと思われるが、防衛庁（当時）が編集・刊行した海軍政策史の決定版といえる『戦史叢書九一大本営海軍部・連合艦隊〈一〉』（野村実氏執筆）は、三国同盟締結や南部仏印進駐、その後の対米英開戦決定までの時期を対象とする石川の戦後回想をまったく参照していない。そして同書では、海軍の三国同盟の締結への同意について、大臣や次官という限られた首脳メンバーだけで行われ、石川のような中堅は全く関与できていなかった、という主旨で記述されている。

ただ、当時の外務大臣であった松岡洋右（石川とは古くから交流があった）についての研究文献では、デービッド・ルー著（長谷川進一訳）『松岡洋右とその時代』のように、一九四〇年八月二三日に松岡と会い、「海軍の指導層に変化ありとすればだれか」と尋ねられた石川が「三国条約に無条件に賛成するのは及川古志郎大将ただ一人」と回答した、と記しているものもある（ただし、松岡や石川が次の海軍大臣に及川を就任させようと策動した形跡はない、とも記されている）。右の記述は、石川が同盟締結に突き進む松岡の情勢判断に何らかの影響を与えた可能性を想像させるが、この話は石川の回想には登場せず、右の問答の典拠も（引用者の調べた範囲では）明確ではない。

第一委員会の役割——その実相

一九四一年七月の南部仏印進駐の決定における第一委員会、あるいは石川の役割については、野村実氏や森山優氏の実証研究の成果によって、かなりの部分が明らかにされている。その要点を記すと、以下のようになる。

・この年の四月、海軍省部事務当局は対南方戦備に不安感を増し、海軍国防政策第一委員会は同第二委員会とともに一カ月余の検討の後、六月五日付で「現情勢下ニ於テ帝国海軍ノ執ルベキ態度」を成案して、海軍省・軍令部の主脳に供覧した。

・この文書では、前年九月以来のジャカルタにおける日・蘭印経済交渉が停頓している状況（その後打切りとなる）を受け、蘭印威嚇のためのタイと仏印への軍事的な進出を説いている。「結論」に「泰、仏印に対する軍事的進出は一日も速に之を断行する如く努むるを要す」とあり、これが全体を流れる思想といえる（前掲、戦史叢書九一）。

・この文書は、第一、第二委員の会共同研究の結果とされているが、実際の起草者は藤井茂中佐である。そしてその内容は、対米戦の決意というよりも、戦争回避と「対日包囲陣」による物理的、精神的被圧迫感への対抗措置としての南方への当面の強硬方針に力点を置いている（森山一九九八、第三章）。

・南部仏印への進駐の最大の理由として、日・蘭印経済交渉の打切り（六月一七日）への対処が挙げられる。当時の海軍省調査課長高木惣吉（大佐）は七月二日、調査課の主催する民間有識者をメンバーとする研究会において「日本が断乎たる決意を以て、武力を背後に蘭印に迫る時は、蘭印としては日本の提案に応ずるのではないか」という旨発言しているが、それは軍令部第一部第一課長（いわゆる作戦課長）であった富岡定俊（大佐）の証言とも一致する（野村「太平洋戦争の日本の戦争指導」近代日本研究会編『年報・近代日本研究4』山川出版社、一九八二）。

・六月二二日、独ソ戦が開始されると、陸軍部内では即時対ソ開戦論（北進論）が力を得たため、中堅層（具体的には藤井）は「帝国は本号目的（南進）の為め対英米戦を辞せず」という強硬な文言を含む「情勢の推移に伴う帝国国策要綱」を策定し、七月二日の御前会議で決定を見た。この決定に沿ってなされた南部仏印進駐はしかし、「アメリカは全面禁輸を行なわない」という中堅層の予想に反する結果となった（森山一九九八）。

・石川は戦後になって「全面禁輸を予測していた」と証言しているが、そもそも日米開戦の張本人を自称した石川が、全面禁輸を予測できなかったなどと証言するとは考えにくい。彼のもとで第一委員会の前掲文書を起草した藤井の日記を見ても、「海軍の強硬派が全面禁輸から対米戦へと向かう道筋を承知のうえで南部仏印進駐を推進した」という評価には無理がある（森山二〇一五）。

なお、第一委員会における石川の活動について、本人による戦後の回想には記載がないが、戦後に長期間、戦争裁判関係資料の収集に携わった豊田隈雄（海兵五一期、終戦時大佐）は、一九八九年に開催された海軍反省会（第二一回）の席上で以下のように述べている。

東京裁判が終わった後で石川さんに、第一委員会の決定の問題についてお伺いしたとき、石川さんの答えは、「当時、対米英関係がだんだん緊迫してきており、政府としては色んな問題を抱えているにかかわらず、上のほうが右するか左するかの決定をきっぱり行わず、事務局にはいつも書類が溜まっている、一方、艦隊の方からは色んな要求が出される、といった状況であった。片や戦争になるかもしれないということを考えてみると、限られた物資をどのように動かせば良いかということを五月の時点から考えなければ、海軍省としては物が動かせなくなるというような状況になることを、課長級のところでは心配していた。このようなことから始まった研究の成果が、『現情勢下に於て帝国海軍の執るべき態度』なのである。したがってそれは、先まで見通した戦争の見積もりではなく、一応の指針となることを狙ったものである」ということであった。私は常識的に考えて、第一委員会に戦をするかどうかを決する権限が与えられてはいなかったと思うし、……第一委員会の結論で直ちに開戦が決まったと考えるのは、不合理のように思われる。

この反省会の席上での第一委員会の役割に関する討議では「戦争にもっていくような作文である第一委員会の報告を信用しすぎ、騙されたから戦争になった」（鳥巣建之助、海兵五八期、終戦時中佐）、あるいは「永野修身軍令部総長に関する限り、第一委員会の資料が非常に影響を与えたということは間違いない」（佐薙毅、海兵五〇期、終戦時大佐）という意見もあり、右の豊田発言はそれとは対立する立場にあるが、野村・森山両氏の研究成果に照らすならば、豊田による第一委員会の評価はそれなりに首肯できる内容ではないだろうか。

†石油禁輸以後の石川の意識と行動

アメリカの対日石油輸出の全面禁止という危機的状況を迎えたとき、第一委員会は「非常に強硬な新しい国策案」を立案し、同月の一六日に陸軍にも提示され、それが九月六日に御前会議で決定を見た「帝国国策遂行要領」の基礎になったということが、しばしば指摘されている。ただし森山氏の研究によれば、第一委員会はたしかに八月二日に「万一の場合には、直に開戦に突入すること（不覚を取らぬこと）」などという内容で構成される方針を岡敬純軍務局長に上申した。しかしその内容は岡に容れられず、自らの主張と大きく隔たる穏健な内容の「帝国国策遂行方針」を作成して翌三日に承認を得た。その詳細な内容は現在不明であるが、一六日に提示を受けた陸軍参謀本部の田中新一第一部長が「戦争決意」がないことに不満を持ったという。石川ら中堅層が対米英開戦への志向を強めたことは確かとしても、部内での政策決定の主導権は局部長（海軍省軍務局長と軍令部第一部長）以上の役職者に掌握されていたことになる。

なお、陸軍参謀本部第二〇班「大本営機密戦争日誌」の四一年一〇月一〇日の条では、「海軍課長級にて、大臣に軍務国務大臣として責任を負へるやの詰問的意見具申をなせるが如く、大臣稍同調し来れると云ふ」という、海軍部内の情報に関する記載がある。これは、石川が軍務二課内の部下（柴勝男・木阪正胤の両中佐）を連れて大臣官邸を訪問し、及川海相に和戦の決をとるよう迫ったものの、及川が「天皇の御意向もあってそうはいかない」と決断の様子をみせなかったので、やむなく帰還し、「袞竜の袖にかくれて……」など、強い調子の文章による意見具申を行なった(「元海軍大佐　柴勝男氏からの聴取書」防衛研究所図書館所蔵)事実を指す模様である。この記述からも、石川らが開戦に向けて海軍部内上層部に強く働きかけていたこと、それにもかかわらず大臣や次官、局長らは避戦の姿勢で一貫していたことが明らかである(これは軍令部首脳も同様であり、一〇月二二日に伊藤整一次長が沢本頼雄海軍次官を訪れ「軍令部は政府の政治的決定に従う」という旨を明言していた)。

一〇月二〇日、東条英機内閣の成立に伴い新たに海相に就任した嶋田繁太郎に対して、蓮沼蕃侍従武官長が「御心得迄に申上ぐ」として「陛下御心痛恐懼に堪へず。及川前海相の態度明確を欠きたり。六月には陸海軍共に不戦なりしに、海軍省某課長(石川を指すとされる)の反対にて一夜に変し、次て七月及ひ九月の御前会議となりたり。此事態に導きたるは海軍なりと考へられあり」と述べたことはよく知られている。ただこの発言が、第三次近衛文麿内閣が避戦を実現できずに総辞職した直後であったことを考慮すれば、石川らの強硬論が実際に海軍部内をリードしていた事実を述べたものというより、それまで中央での事態の推移にほとんど知識のなかった嶋田に、開戦の危機が切迫しつつある状況を伝えたものと考えるのが自然ではないだろうか。少なくとも、「一夜に変し」の実態(あるいは真偽)はまだ解明されていない。

では、石川らの強硬論が海軍部外（たとえば陸軍）の強硬論の高まりや開戦決意に影響をもたらした可能性はあるのだろうか。石川自身の回想には、そのような「成果」はもとより、そのような活動を行ったという記載もない。この当時、陸軍省軍務局軍務課において石川や藤井と日常的に情報や意見交換などを行っていた石井秋穂（少佐、同年一〇月に中佐に進級）の回想（「『大本営海軍部　大東亜戦争開戦経緯』に対する所見」防衛研究所図書館所蔵）によれば、石川の言動は以下にみるように、避戦か開戦決意なのか、きわめて不明確な印象を石井らに与えるものだった。

> 一〇月七日か八日のこと。私は海軍省軍務二課の前の廊下で石川課長と顔を合せた。石川氏は「山本五十六だったら駐兵など一切放棄せよというよ」と言った。石川氏自らも同様なのだろうと推測した。
>
> 一〇月一〇日のことであったと思う、石川課長はわが軍務課に来て、油が逓減する模様を示すグラフを見せびらかし、こういう状況だと附言したが、それ以上の説明はなかった。佐藤〔賢了〕軍務局長が「分っとる、分っとる。ところで君のところは本当に起ち上る気があるのか、ないのか。ないとなればわれわれも考え直さねばならないのだが？」と迫ると彼は一言も発せず逃げて行った。やる気があるのなら、むろん起ち上るつもりだと答えたらよかろうのに、そう出ないで逃げたのだ。気がないのならあんなグラフを何故見せびらかしに来

たのだろう。当時は判断ができなかった。今日では、お里が動かないので陸軍を使って牽引力たらしめ戦争に突進させようとする策略だったとみる。

ここで山本五十六の「駐兵など一切放棄」に照応しうる史料として、近年刊行された『堀悌吉資料集』第三巻に収録されている「日独伊三国同盟と海軍」(堀が一九四五年に執筆した文章)における「昭和一六年八月頃近衛首相と会見せる山本の話」がある。そこでは山本が、「今日近衛に会ったら近衛が『政策転換大陸より撤兵するといふ様なことをすれば、軍部が納まらないと言われて居るが、海軍の実施部隊あたりの動きはどうだろうか』と聞くから、自分は之に対して『他のことは知らぬが苟も連合艦隊の〔ママ〕関する限り御心配無用で、自分は誓って納める』と返事して置いた」という旨発言した、と記されている。

石川がこの当時、大臣や次官の開戦決意を促進する動きを海軍部内で示したとしても、石井によるこれらの回想に照らせば、当時の陸軍当局に積極的な影響を与えたとは言えず、「海軍の真意は開戦か避戦か、明確ではない」と印象づけただけのように感じられる。

†海軍部内での石川の役割と未解明の課題

秦郁彦氏が『昭和史の軍人たち』で紹介しているように、石川は海軍部内では主流とされる砲術を専攻したものの、海軍兵学校・海軍大学校での卒業成績はいずれも上位ではなく、その配置も第三戦隊参謀、艦政本部部員、軍令部第二部、第六戦隊参謀などと、花形とは言いがた

1941 年 12 月初旬、開戦直前の軍令部作戦課の記念写真。前列左から石川（海軍省軍務局第二課長）、佐藤賢了（陸軍省軍務局軍務課長）、富岡定俊（軍令部作戦課長）、1 人おいて高木惣吉（海軍省調査課長）（『海軍反省会 6』より）

い経歴であった。その彼が部内で重用された契機は、一九三二年の第六一回帝国議会開会の直前、軍令部の軍備担当参謀だった石川が、艦艇が搭載する弾丸の更新充実が立ち遅れている事情を憂えて、犬養内閣の実力者であった森恪書記官長に面会し、議会で三千万円の予算を計上するよう説いて承知させたことにある。土肥一夫氏（海兵五四期、太平洋戦争中に第四艦隊参謀、連合艦隊参謀をへて終戦時は中佐・軍令部員）が回想（「わが長官を語る」『山本五十六のすべて』新人物往来社、一九八五年に所収）において、石川が海軍に重要視された理由として「（石川の）話には裏付けがあり、陸軍とやり合って予算をブンどる実行力があるのだ。官僚社会では高邁な理論も必要だろうが、本当は予算獲得の腕の方が大切であり、寝ワザも必要

である」と述べている点は注目される。

また秦郁彦氏が前掲書で記しているとおり、石川の本領は革新運動の行動面にはなく、仲介者、まとめ役にあった。彼が一九三三年一〇月に加藤寛治あて提出した「次期軍縮対策私見」と一九三六年八月に執筆した「帝国の当面する国際危局打開策私案」という二つの文書は、当時の海軍部内における強硬派の国際観・軍備観を具体化したものということができよう。野村実氏は両文書の内容から、「日本の第三次海軍軍備補充計画のほぼ整備する昭和一五〜六年の時点で、ドイツの再軍備により予想される欧州の混乱に乗じ、日本は米英蘭ソ中各国の包囲陣を『和戦の構え』を持して突破しなければならない」というのが石川の思想的背景である、と分析している（前掲、戦史叢書九一）。この情勢判断に基づく意見（一九四〇年まではフリーハンドを確保する必要がある、という結論）は、一九三六年の時点では「一つの卓見」（秦郁彦氏）と言いえたが、現実にはその翌年に日本は中国との全面戦争に突入し、その前提は崩れたことになる。そして石川自身も、（彼が望んだ）部内での枢要な地位には就くことができずに敗戦を迎えた。

石川の経歴を振り返ってみると、彼が陸軍や財界・政界にも広がる幅広い交友関係を構築したのも、職務上の不遇感を払拭するため、自らの天分と抱負を縦横自在に発揮できるための人脈を切望した表れとみることができる。そして彼の戦後の回想からは失敗や錯誤、重大事態における逡巡などの率直な記述がみられず、自己顕示が目立つ印象があるが、これはむしろ、石川の挫折と不遇感の裏返しとみるべきではないだろうか。

以上、本稿では、もっぱら一九四一年夏以降における石川や第一委員会の動向を中心にたどってみたが、満州事変勃発以降ワシントン・ロンドンの両軍縮条約体制を脱退するまでの時期、加藤寛治・末次信正らを中心とするいわゆる艦隊派の一員として、彼がどのような活動を行ったかの解明はこれまでのところ、まだ十分に進んでいるとはいいがたい。防衛研究所に所蔵されている石川の旧蔵文書などを使用した研究の蓄積が期待される。

さらに詳しく知るための参考文献

石川信吾『真珠湾までの経緯――開戦の真相』(時事通信社、一九六〇)/水交会編「海軍少将石川信吾談話収録」(同会編『帝国海軍　提督たちの遺稿』二〇一〇)/石川信吾「政戦両略より見たる日米開戦の経緯概要　全七巻」(防衛研究所図書館所蔵)……本文で言及した石川の戦後回想記録。表現にやや異同があるが、対米英開戦までの石川の活動についてはほぼ同内容である。

石川信吾少将関連史資料「軍縮研究資料および米国軍事彙報(昭和五~七年)等ファイル」/同「一九二九年軍縮関係報道記事ファイル」/「石川信吾日誌　昭和一三年一月二九日~一八年八月一九日」……いずれも防衛研究所図書館に所蔵されている、石川の旧蔵史料。このうち石川信吾少将関連史資料については、本稿で十分に検討できなかったが、ロンドン軍縮条約締結から第一次上海事変期を中心に石川が軍令部在勤中に得ていた米海軍の動向、条約明けに建造される新主力艦(のちの大和型戦艦として実現)の計画用データなどを含む、有益な史料群である。なお石川の日記の主要部分は森山優氏によって復刻され、『中央公論』一九九二年一月号に掲載されている。

森山優『日米開戦の政治過程』（吉川弘文館、一九九八）／同『日米開戦と情報戦』（講談社現代新書、二〇一五）……前者は、石川や本文で登場する藤井らの日記をはじめ、旧海軍関係者の旧蔵史料を全幅活用し、一九四一年の日本海軍を中心とする政策の決定過程を解明した文献。後者は前者の内容を、一般向けに平易に解説し、その後の研究成果も盛り込まれている。本稿では対象としなかったが、タイ・仏印間の国境紛争調停問題や、東条英機内閣時代になされたいわゆる「国策再検討」についての言及もあり、石川や藤井が得ていた暗号解読情報の紹介も豊富である。

戸高一成編『証言録　海軍反省会』全一一巻（PHP研究所、二〇〇九〜二〇一八）……昭和初期から太平洋戦争期にかけての時期を海軍の中堅士官として過ごした、主として大佐・中佐クラスの士官が、海軍の歴史をそれぞれの体験に基づいて検討、反省することを目的に行われた会の記録。どの巻にも石川についての言及が見られるが、なかでも第一委員会の果たした役割については、本文でも記したように、第一一一回の討議記録（第一〇巻に所収）が有益である。

大谷隼人『日本之危機』（森山書店、一九三一）……石川信吾が戦後、自身がペンネームで執筆したと証言している書物で、満蒙に日本民族の生存権を樹立する必要があり、その大きな障害としてアメリカの極東政策があるとする内容。工藤美知尋・秦郁彦・大井篤の諸氏は大谷＝石川説を採用しているが、柴田紳一氏は「『大谷隼人』は石川信吾のペンネームか」という論考（同『日本近代史研究余録』渡辺出版、二〇〇九に所収）において、『日本之危機』は森恪の著書であると記している文献の存在を指摘し、「石川は、『日本之危機』の『はしがき』にある『知友中海軍に縁故あるもの』の一人として同書の出版に資料提供などの面で協力したのであって、……森恪こそが『日本之危機』刊行の主体で、実際の執筆は勝田〔重太朗〕や山浦〔貫一〕であった、というのが真相ではないのか」という疑問を提示している。

第14講

堀 悌吉——海軍軍縮派の悲劇

筒井清忠

†生い立ち

ふつう人はある枢要なポストにつき、そのことによる功罪が後世様々に論じられるものである。本書に登場するほかの人物もみなそうだ。しかし、例外的に、枢要なポストに就かなかったために後世論じられ通ける人というものが存在する。戦前昭和史における堀悌吉《ほりていきち》がそれである。堀が日本海軍において当然就くべき枢要なポストに就かなかったことが日米戦争・敗戦につながったと多くの関係者が認めているからである。では、それほどの人物堀悌吉とはどのような人物なのか。

堀悌吉は一八八三年、大分県速見郡八坂村生桑《いくわ》(現・杵築《きつき》市)に生まれている。農家矢野弥三郎の次男であった。

「父君の血を受けられ、祖先崇拝、神仏に御敬虔の念が深く」（広瀬編一九五九、九頁）と言われている通り、この頃の大多数の普通の日本人と同じく祖先崇拝・神仏への篤い信仰のもとに育っている。それも、この生まれ育った国東半島の付け根の地域は六郷満山文化と言われ仏教信仰と（その背後にあった近くの）宇佐神宮への信仰の篤い地域であった。

母タマは近くの日出町の士族から来ているが、福沢諭吉の『西洋事情』『世界国尽し』を嫁入りの際持参していた。また、父弥三郎の兄晋作は同じ日出町の帆足万里《ほあしばんり》門下の米良東嶠《めらとうきょう》の塾で学んでいる。

帆足・米良とそれにつながる福沢のことは堀の思想を知る上で重要なのでここで簡略に説明しておきたい。

江戸の中期にこの国東半島の中央部国東市安岐町からまず三浦梅園《ばいえん》という独創的な思想家が出た。三浦梅園は、演繹的な空理空論を排し経験に基づいた合理的思索を重視した。梅園三語と言われる『玄語』などの著作にそれは詳しい。この梅園の学問は同じ国東半島の日出町豊岡出身の脇蘭室に受け継がれ、さらにその門から帆足万里が現れる。万里は日出藩の家老となったが自然科学書『窮理通』などを著すと共に政論書『東潜夫論』も著している。

こうした学問的伝統の蓄積があったから、万里の下に学ぶものは大分県に多く、その中から米良東嶠も出たのである。他に万里の門に学んだ者として初代の東大教授で中江兆民の漢学の師であった岡松甕谷《おうこく》がいるが、福沢諭吉の父福沢百助《ひゃくすけ》も、諭吉の中津での師野本白巌も万里門下だった（『福沢全集15』『福沢諭吉事典』）。福沢によると、当時中津藩では万里の数学重視の説が盛行し兄三之助も漢学のほかに数学を学んでいたという（『福翁自伝』）。

福沢の合理的で経験的な発想は、一つにはこの梅園・万里の流れから出て来たものと見られる。堀の母が福沢の『世界国尽し』を持参した結果、堀はこれに親しみ、海外に行くとよく思いだしたというが、以下に見る堀の徹底した合理的・開明的思考もこうした学問的系譜につながったものと見るとよく理解できるであろう。

堀悌吉（1883-1959）

一八九二年、日出高等小学校に入学。翌年、堀家戸主となっている。翌一八九四年、日清戦争が起きる。この戦争は当時の多くの少年たちに影響を与えたようだが、堀も後に海軍を希望する要因の一つはここにあったとしている。

一八九五年、豊岡の溝部八百蔵叔父と瀬戸内海を航海、琴平・伊勢参宮をし、京阪を廻り帰国している。海軍希望のいまひとつの要因として堀はこの時の航海旅行をあげている。

一八九六年、日出高等小学校を卒業、翌年大分中学杵築分校（後、杵築中学）に入学する。しかし上記の理由から海軍兵学校の入学を希望し、受験して合格、一九〇一年海軍兵学校に入学する。

海軍兵学校

一九〇一年に海軍兵学校に入学した時の成績は三番であった（一番塩沢幸一、二番高野〔山本〕五十六）が、一九〇四年に卒業する時の成績は一番であった。高野五十六は成績が少し下降し一六番である。この時五十六は「しかし一人の友を得候」と手紙に書いている（二人は無二の親友となる）。その後、砲術学校普通科卒業時も一番で「本校創立以来未だ嘗て見ざる成績なり」

海軍兵学校32期生集合写真。前2列目、左3番目から堀、塩沢幸一、山本五十六。

と評されている。

しかし、砲術学校高等科卒業時は四番であった。堀は「余り遠慮し過ぎたね」と言っている（『堀悌吉資料集』二巻、一七四頁。以下巻数で略記したものは堀資料集）。「堀・塩沢の級」と言われながら塩沢の成績不振のため級友のアドヴァイスに従い塩沢に譲ったのだが、譲りすぎたのである。

「余は……他人と成績を争うを好まざる方針なりき」（堀）。

成績にこだわったが、この生徒時代の成績がハンモックナンバーと言って海軍での将来の昇進に非常に多く関わってくることが決まっていたから重要なのである。こうして、堀は同級生の間で「神様の傑作のひとつ堀の頭脳」と言われるほど尊敬される優等生としてのスタートをきったのだが、それは多くの嫉妬を浴びることでもあった。

†日本海海戦

一九〇五年、堀が最初に配乗を命じられたのは連合艦隊旗艦三笠であった。こうして日本海海戦に参加することになるが、この時の体験を以下のように書いている。

「明治三十八年五月二十七日、……第一戦隊の主力艦……六隻から強烈なる集中砲火を浴びせかけ「ウラル」は忽《たちま》ちの間に損傷大破した。……甲板の上に集まって居た多くの人は水中に転落し、又は艦と共に海底に消え去って了《しま》った。……「あゝ気の毒だ。可哀そうだ」と思わぬものは無かったろうと思う。……（後に観艦式が挙行された際特別拝観者から）戦争の話を求められたので……当時の話をした処、其の内の一人が進み出て、「敵艦が沈没する時は嘸《さぞ》愉快であったでしょううね」と云うから、自分は「私共は唯もう悲惨の思いで胸一杯でした。殊に乗って居た人々に対しては気の毒でたまらなかったのです」と答えると、居合せた陸軍の一老将軍は

「そうでしょう。武士は相身互いだ」と眼をうるませて同感して呉れたのを記憶して居る」（二巻、一九〇〜一九一頁）。

この「可哀そうだ」、「気の毒でたまらなかった」というのが最初の戦争体験から来る堀の戦争観の基本なのであった。最初に六郷満山文化のことを書いたが、それがこうした敗者に対する同情心の一つの背後としてあったと見ることはあながち誇張ではないように思われる。そしてそれは次のような思索に結びついていった。

「此の種の戦争観は、自分の海軍々人という現在の立場に関して絶えず大なる煩悶を招来した。而して（海外への航海旅行などを経た結果）……海軍は所謂海防の具であって、何処までも其の国にとって防禦的のものであると同時に、……平和発展の保障となるものである。……限度を超えて之を対外的に積極政策を押通そうとする道具に使用するが如き事あらば、それは……世界の平和を脅やかすものであって……国家を危地に導くものであると考える……

要するに自分は身を海軍に置いて……民族（の）平和的発展及び人文増進に貢献出来得る様に努力する事を天職と心得て行こうと決心した」（二巻、一九二頁）。

こうして、徹底した平和・防衛及び「人文」（文明という意味と思われる）増進に貢献する海軍という堀の思想的基盤が出来上がったのである。それは、六郷満山的慈悲心から来る東洋的平和主義と帆足万里的開明主義の総合物であったともいえよう。

†フランス駐在と海軍大学校

一九一二年に第三艦隊参謀を務めた後、一九一三年二月から一六年七月の間フランスに駐在する。三年五カ月ほどであるからかなり長く、この間に非常に深くフランス文化に接した。二度の滞仏の間に買い求めた『モンテスキュー全集』『バルザック全集』『カンディード』(ヴォルテール)、モリエール、コルネイユ、ラシーヌ、ボードレール、ヴァレリーら約三〇〇冊のフランス語書籍は現存している。特にルソーの『社会契約論』初版本はこの時パリの古本屋で見つけたもので本人も「宝物」としていた。

また『トスカ』などのオペラやカザルス三重奏団の室内楽など多くの演奏会のプログラムも残されている。

勢い、ドイツ文化には疎遠な傾向ができたようで、ドイツびいきが多い日本のリーダー層の一部からは隔離されやすい傾向を招いたと見ることもできよう。

帰国後、一九一六年一二月から一八年一二月の間海軍大学学生となる。そこで堀は「戦争善悪論」をめぐって教官と対立した。「戦争そのものは明らかに悪であり、凶であり、醜であり災である。然るに之を善とし、吉とし、美とし、福とするのは、戦争の結果や戦時の副産物等から見て戦争実体以外の諸要素を過当に評価し、戦争実体と混同するからに外ならない」というのが堀の基本的主張であった。

したがって「凡そ軍備は平和を保証するに過不足なき如く整備すべきである。……小に失すれば無軍備よりも却って危険な事があり大に失すれば……野心の徒輩が、使用の方策を誤り不法無謀の事に之を濫用したがるのおそれがある」(二巻、一九三～一九四頁)。

「学生であった時……自分は「世界平等文明」という様な言葉を使った事が、大学校教官の中の或る人々の間に於て物議をかもし、殊に……戦争の罪悪説を主張し、之を固持するに及び、堀は世界主義者だとか、社会主義者又は共産主義者(当時是等の言葉は同一の意味に用いられて居た)だとか言われ、果ては思想の健全性をまで疑わんとするものがあった」(二巻、一九九頁)。

堀は適正な規模の防衛力の保持と今日では常識的な世界平和や発達途上国支援などを考えていたに過ぎなかったのだが、当時の日本における軍人の思考としては、極めて先進的なものであったため問題視する人もいたのである。ただ、空前の犠牲者を出した第一次大戦後の世界は平和主義に覆われており、堀の思想を許容する空間が日本にもあった。問題はどこまで日本がその空間を保持しうるかにあったともいえよう。

†ワシントン会議

一九一八年、山口千代子と結婚した(一九一一年に結婚した初婚の妻は五カ月後に病死していた)。

そしてこの年、海軍省軍務局員となる。ところが、この時、すでに堀への妨害・嫌がらせは始まっていた。

海軍省軍務局局員になることが決まった時、同時に山梨勝之進大佐が軍務局第一課長になることが決まったが、山梨大佐は当時局員である古賀峯一少佐に「堀君が思想上おかしいと云つてる人が居るが君はどう思うか」と聞いたのである。古賀は「堀さんは昔からよく知つて居ますが、そんなことはありません、冗談でしょう」と返事したが、其の前にも古賀は「堀は共産主義だと云つてる人が居るがほんとだろうか」と人から聞かれ「そんな馬鹿なことがあるか」と返答していたのだった。

海軍省軍務局員という重要なポストに就いたのだが、「共産主義」者と曲解する攻撃が始まっていたわけである。どのような人が言っていたことなのか、それはもう少し先にわかることになる。

一九二一年九月に海軍軍令部員となった後、一九二一年一〇月から二二年一月の間ワシントン会議に加藤友三郎全権の随員として同行する。

堀は、対策案決定会議で、数字の比率ばかりではなく艦の性能や新旧を考慮した実質論を主張したが、山梨勝之進大佐のみが賛成で実現しなかった。「二十五年を経た今も一大痛恨事」(「弁妄篇」一)としているが、卓見といえよう。

ワシントン会議自体は主力艦総トン数比率、米・英・日＝5・5・3という方向に進んでいく。これに対し、海軍首席随員加藤寛治中将、次席随員末次信正大佐は「対米七割」を主張し反対した。聡明な加藤友三郎全権は彼らを排し断固として軍縮条約を締結する。

この時堀は「加藤全権伝言」を井出海軍次官に託され持ち帰る。それは著名な次のようなものであった。

「国防は軍人の専有物に在らず」「国力に相応する武力を整うると同時に国力を涵養し　一方外交手段に依り戦争を避くることが目下の時勢に於て国防の本義なりと信ず」「平たく言えば金が無ければ戦争はできぬ……其の金は……米国以外に日本の外債に応じうる国は見当らず……結論として日米戦争は不可能」というものであった（一巻、七〇頁）。

堀は後年、ワシントン会議を以って「国際協調事業に日本の寄与せる第一歩」とし、「太平洋両岸国民の親和（を）増進」し「日本の世界的地位（は）復活向上」した、また「海軍費を著しく減少し」日本を「経済的にも救いたること」を評価すべきだとしている（一巻、四三頁）が、平和主義と合理主義の結びついた思考による説明であり、まさにそのようなものであったといえよう。問題はこのコースを日本がどこまで貫けるかにあった。

そしてこのコースへの暗雲ともなる、堀への攻撃の主体が、このあたりではっきりとしてきた。

「華府会議には……末次氏も一行中に在つたが……他人のすることに対しては一応は反対的口吻を以て批判して置いて、決定したあとで本格的に悪口を言うのを常套手段として居る様に見受けた」(三巻、三三五頁)

「末次氏は山下(源太郎)大将や加藤寛治氏などに取り入り之を利用して居た。殊に加藤氏を煽つて自己の意志を遂げるには独特の妙術を心得て居た。そして自己の上席に居て出世の邪意になる様な人や、後進者と雖《いえど》も自己の地位に危険を来《きた》すの虞《おそれ》あるものは、謀略を以て次ぎ次ぎと之を叩き落して居たが、山梨氏も其の邪魔者の一人であったと見え事ある毎に悪声を放つて居た。」(三巻、三三四～五頁)

次席随員末次信正大佐が堀らへの攻撃の主体であったのだ。堀の地位が高まるにつれそれは強いものとなるであろう。

†国際連盟軍備縮小会議、ジュネーブ海軍軍備制限会議

その後、一九二二年から一九二四年までの間、第一艦隊参謀・連合艦隊参謀、五十鈴艦長、海軍軍令部・海軍省勤務、長良艦長と務めた後、一九二五年、海軍軍令部参謀としてパリに向けて出発、一九二七年東京に帰着する。この間、国際連盟軍備縮小会議準備委員会帝国代表委員随員・ジュネーブ海軍軍備制限会議首席全権委員随員等を歴任した。パリ、ジュネーブを往

復し、軍縮と平和の仕事に尽力したのである。

この時開催された米英日のジュネーブ海軍軍備制限会議は英米が対立しまとまらなかったが、「英米の疎隔を仲裁するの役割を引き受け我が一言一動が世界注視の的たりし」出来事なのであった（一巻、四三頁）。日本が国際協調の先頭を切っていたという、今日すっかり忘れられている近代日本の一側面である。

堀らしく「自分としては是等を通じて良心的に仕事に従事する事が出来たと思う」と控えめに表現しているが快心の時期であったと思われる。

†ロンドン軍縮会議

その後、一九二七年に陸奥艦長、一九二八年に第二艦隊参謀長を経て、一九二九年、海軍省軍務局長に就任した。海軍省において海軍大臣の下、次官とともに実質的に海軍省を取りまとめる最も重要なポストである。

ただ、この前後に、堀の運命を決める重要な人事が行われている。海軍省では前年一九二八年に次官に堀に近い山梨勝之進が着任していたのだが、他方軍令部では、一九二八年に末次信正が軍令部次長に、一九二九年に加藤寛治が軍令部長に着任するのである。

後者の二人はこれから開催されるロンドン軍縮条約に対する最も強固な反対派の中心となっ

ていく。すなわち海軍省は軍縮条約締結派で中枢ができており、軍令部は条約に反対することになる人々が中枢を固めたわけである。前者は条約派、後者は艦隊派と呼ばれることになる。

さて、一九二二年のワシントン海軍軍縮条約では、戦艦・航空母艦等主力艦保有の比率を米・英・日＝5・5・3と決めたが、一万トン以下の補助艦（巡洋艦・駆逐艦・潜水艦等）については制限がなかったためジュネーブ海軍軍縮会議が開かれ、それもまとまらなかったためロンドン軍縮会議が招請されたのである。そして、一九二九年一一月に開いた閣議で政府は、補助艦（巡洋艦・駆逐艦・潜水艦等）の総括トン数を対米七割とすることを基軸とした三大原則を決定して会議に臨むことになった。

一九三〇年一月、会議が始まると、日本政府の方針に対し、米国は日本の対米比率引き下げ（総トン数六割等）を主張するので会議は難航した。

そして、三月一二日、米は、日本の総括的対米比率六割九分七厘五毛を基軸とする最終妥結案を提示、若槻ら日本全権は、これ以上の譲歩は得がたいとして三月一四日政府に請訓を送る。三月一七日、各紙夕刊に「海軍当局の声明」が掲載されたが、これは末次海軍軍令部次長が独断で若槻案を暴露し反対論を展開したものであった。末次らの策動が開始され始めたのである。

しかし、こうした反対を排除し、四月一日、浜口内閣は閣議を開き、回訓を決定、天皇の裁可を経て全権団に打電した。

ところが二日、加藤軍令部長は、天皇に対し回訓に不同意の旨上奏し、その後反対声明を発表。さらに、条約調印前日の二一日には、海軍軍令部第二課長代理野田大佐が、末次次長から山梨海軍次官あてのロンドン条約案に不同意の覚書を堀軍務局長に持参した。堀は受け取りを拒否。山梨次官から取りまとめに当たっていた岡田啓介大将に相談、岡田は加藤を訪れ撤回させようとしたが、加藤は「断然拒絶」(加藤日記)するという事態になっている。加藤・末次ら統帥部は閣議で決めた条約を、調印前日になって拒否しようというのであるから堀らの苦労も並大抵ではなかった。

さらに、この前後から「統帥権干犯問題」が起きる。帝国憲法一一条には、「天皇は陸海軍を統帥す」とあり、一二条には「天皇は陸海軍の編制及常備兵額を定む」とあったので、一一条で軍の統帥(作戦等)自体は軍に任せられているが、一一条の統帥権は一二条の編制権に及ばないのであり、軍の編制とは国家の備えるべき兵力を定める権能であって国務上の大権であり内閣が輔弼《ほひつ》する事項だとする美濃部学説が大きく言えば当時の通説だった。これに対し、統帥権干犯論者は、「国防」は一一条に含まれるとし美濃部学説とそれに近い政府を攻撃するわけである。

四月二二日、ロンドン海軍軍縮条約は調印されたが、二五日、衆議院で政友会の犬養毅と鳩山一郎は統帥権干犯につき政府を攻撃、その後、議会での攻撃は続いた。しかし、五月一三日議会は何とか終了。

五月二九日、省部の権限を明確に決めておくための海軍の非公式元帥・軍事参議官会議が開かれた。加藤軍令部長が説明した軍令部長案に対して堀軍務局長が起案した海軍省案が説明され議論後可決。会議後、財部彪《たからべたけし》海軍大臣は山梨次官・堀軍務局長らと決定案を作成、軍令部に戻った加藤は末次次長らと協議した。その後、加藤は本文に関係ない箇所の修正案の裁可を求めたので財部大臣が署名したところ、それは本文を軍令部に有利に書き改めたものであった。しかも加藤はそれを、当時海軍において絶大な権威のあった伏見宮・東郷元帥を訪問・根回しして既成事実化しようと工作していたので、財部は二人を説得して回らねばならなかった。会議で決まったことを詐術を用いて覆そうとするやり方に財部の怒りは長く納まらず、岡田大将は「御殿女中のような事だ。海軍大将ともあろうものの仕事としては、まことに恥ずかしい次第だ」と語っている（関二〇〇七、三〇一～七頁）。

これは一例に過ぎない。末次次長とそれに担がれた加藤海軍軍令部長は、このようにしてことあるごとに会議で決まったことまでも裏工作と詐術で覆そうとして、堀軍務局長らを苦しめたのであった。

その後、加藤海軍軍令部長は六月一〇日、天皇に辞表を提出。六月一一日、後任には条約派の谷口尚真《なおみ》大将が任命された。末次次長も永野修身に代わったが、山梨も次官ポストを退いている。しかし、山梨の後任は条約派の小林躋造《せいぞう》となっており、艦隊派・条約派「相討ち」の形だが条約派優位の人事だった。以後、国家主義陣営による条約派攻撃の怪文書が横行する。

しかし、条約は一〇月一日、枢密院本会議で可決。結局一〇月二日、ロンドン条約は批准される。

その後、浜口首相は撃たれ重態となり、翌年四月一三日、辞意を表明、結局浜口内閣は総辞職する。しかし、ロンドン条約締結は国際協調を貫徹しえた成果としてその内閣の最大の功績となった。

戦後、ロンドン条約に関する海軍省・軍令部の全秘密書類を堀から見せてもらった朝日新聞記者の有竹修二は、一切書き換えのない精密な仕事に驚かされるとともに、その中に堀自筆の覚書紙片が挟まれており、「米国がこう出たら、日本はこの手でゆくべし、といった会議上の駆引きの案までありました」と感嘆している（広瀬編一九五九、一二二頁）。堀がこれだけの交渉のすべての基礎を取り仕切り成功に導いたのである。

それだけに反発もいっそう大きかった。堀は次のように著している。

「倫敦会議時代……末次中将は軍令部長加藤寛治大将の下に次長として帷幄の府に立て籠り、策謀を事として居た。……凡ての騒乱変動は殆んど此の点より出発して居る。……芝居気の多い加藤大将を煽動して風無き所に波瀾を起し、東郷元帥や（伏見宮）殿下を渦中に捲き入れ、……諸種の論議を醸成せしめ、之を政治上の駈引の種として政党に売り込み、所謂統帥権問題と謂う様なものを拵え上げて国中を騒がせ、後日国家の大患を来すべきを悟る能わずして、唯だ自己等の立場を造り固めるに汲々として居た。当時末次氏は鼻孔出血で時々休んだことがあるが、其の間に加藤軍令部長が納得して、丸く納まりかけて居た事柄を末次次長が出勤すれば直に変更せられ紛擾を起すという如き事実は一再に止まらない。自分等は彼等の斯く云う遣り方に悩まされ而も彼等の勝手な捏造にかかる批難の的となって居たのであるが、邪は正に勝てず加藤軍令部長の後を継げる谷口尚眞大将の正義観より出発せる惨憺たる苦心の努力の奏効するあり……兎も角も納まるべき所に納まって、国家を国際的危急から救うことを得たのであった」（三巻、三三六頁）。

†上海事変

一九三一年九月、満州事変が起きるが、一二月に第三戦隊司令官になった堀は翌一九三二年一月の上海事変（呉淞砲台）に参加することになる。

この時、堀の行動はまたしても末次らによって猛烈な攻撃の材料とされる。

「敢然として公法の厳守、国際慣例の尊重に力むる如く幕僚及部下に命令……已むを得ずして武力行使に出づる場合と雖も……無用の破壊をなさざらん事に努めたのは勿論……敵の砲台から不意に攻撃を受けた場合にも極めて冷静に事を処断した。……一発毎に精確に照準せしめ跳弾又は不規弾が砲台以外の民家地帯に飛ぶのを極力避けしめた。

七了口揚兵作戦の時も、……陸上派遣部隊に命じて、災した普通民の医療救護に力めしめ、……後日の災害を除く事に努力した」(二巻、一九四～五頁)。

「苦心して国際問題に拡大するを避くるに努めた処が、……白石万隆等が恰も上海にやって来た第二艦隊司令長官の末次氏の一派と一所になって、自己の非を蔽わんが為に、又は自己を宣伝せんが為に、第三戦隊の行動に彼是と悪声を放ち始め、其の後第三戦隊の計画実施した七了口の陸兵揚陸が見事に成功すれば、之は第二艦隊司令長官の指揮の下に行われたのだと云い立て他人の功を奪わんとするが如き卑劣行為に出で」た。

さらに秋の大演習中の慎重な行動に対しても、「「第三戦隊の行動は敏速を欠いて居る」と高橋三吉あたりより大袈裟に言われ、遂に「堀は考え過ぎて物をやるから機を失して判断を誤るのだ」ということに取り成され、後日(伏見宮)殿下から「堀は実施部隊の指揮官には不適者だ」と云う様な言葉が出る迄になって来た」(三巻、三三七～八頁)。

末次らの攻撃が完全に功を奏したのである。末次は上海事変の際、「上海は勿論一挙南京の本拠を突き速決の要あり」という極端な強硬意見を中央に具申し、さすがに第三艦隊長官の選からもれたと見られているが（『昭和六・七年事変海軍戦史』別巻、二〇三頁）それだけになおさらしゃにむに堀を追い詰めていったものと見られる。

こうして堀は一九三二年末、閑職の第一戦隊司令官となる。

†大角海相人事

一九三三年、中将となるが軍令部出仕となる。翌一九三四年、妻千代子は神経衰弱で入院する。前述の上海事変での艦隊指揮等をめぐりいろいろな噂が立てられ精神的重圧がきついものになったのが原因のようだ。続いて鎮海要港司令官代理となった後、一二月予備役編入が決まる。

ここに、加藤友三郎から山梨勝之進を経て小林躋造・堀へと続いた大正期以来の海軍の国際協調派・軍縮派の流れは最後を迎えたわけである。

どのようにして、堀の予備役編入は決められていったのだろうか。

ロンドン条約後、（艦隊派に近い）東郷元帥は、内部の統制強化のため軍令部長に伏見宮を担ぎ出すが、これが結果的には条約派追放の人事につながって行った（伏見宮就任の経緯については、田中一九八五、二四〜二五頁、三一〜三四頁と手嶋二〇一三、七〜一一頁で異なるが、野村二〇〇二は陸軍の閑院宮参謀総長就任とともに東郷による若い天皇擁護のための起用としている。柴田紳一「皇族参謀総長の復活」

『國學院大學日本文化研究所紀要』九四、二〇〇四年）も参照）。
以後の関連した出来事を年表風にまとめておこう。

一九三二年二月　伏見宮軍令部長（一九三三年一〇月名称を軍令部総長へ）就任
一九三二年一二月　海軍大臣大角岑生着任
一九三二年五月　五・一五事件（海軍大臣岡田啓介へ）
一九三三年一月　海軍大臣大角岑生再任（いわゆる大角人事開始）
一九三三年三月　山梨勝之進予備役編入
一九三三年七〜一一月　五・一五事件海軍側公判が行われ新聞世論は熱狂的に被告を支持。
　ロンドン条約の際の統帥権干犯問題が猛烈に追及・批判され、条約派は劣勢となる
一九三三年九月　小林躋造、谷口尚真予備役編入
一九三四年三月　左近司政三（ロンドン会議首席随員）、寺島健予備役編入
一九三四年九月　堀をも予備役に送り込もうとする策謀を警戒した山本五十六は第二次ロンドン会議予備交渉に向かう時、伏見宮軍令部総長にわざわざ堀の人事に注意することを「言上」して出発した

一九三四年一二月　堀、予備役編入

この人事については、すでに当時の新聞に次のように出ている。「大角海相の最近における人事行政が兎角の不評を招いていた……かなり常道を離れて無理している……寺島中将問題に続いて……左近司中将、……堀悌吉中将をいずれも軍令部出仕とした事などは、いずれもロンドン条約派を排撃する一部の勢力関係に押されて、有用の人材を無批判に閑地に投じたものである」(朝日、一九三三年一一月一五日)。

堀の予備役編入を知った山本が堀にあて「海軍の前途は真に寒心の至なり」と書いたことは著名だが、堀自身はこの一連の事態について次のように書いている。

「長谷川(清)が次官になるとき(一九三四年五月)、同郷の先輩加藤寛治大将から堀を復職させぬ様にしろと云われて居たということである　……加藤寛治氏は……稚気満々たる野心家である。末次や高橋三吉等に操られて踊って居て……考えれば……気の毒な人である。……小林(躋造)大将は人事局長の小林宗之助に「堀をやめさせるという話を聞たが、そんなことをしては大変なことになるから考え直す様にしたらどうだ」と云ったそうだ……又小林大将は自分に「僕は堀君をやめさせると主張する本源は殿下に在ると思う」と云って居た。殿下の背後に加藤があり、其の下に末次・高橋等が居るのは勿論だ」(三巻、三四〇〜一頁)

こうした見方は今日ほぼ定説と言ってよいであろう。新しい研究として、太田久元の研究「『大角人事』再考」（太田二〇一七所収）があり、岩村清一海軍省先任副官の日記に「古賀少将より堀中将を加藤大将が止めさせると言う由　主な原因は呉淞砲台事件なり。殿下は差迄思わず」（岩村日記、一九三四年三月六日）とあることをはじめ、条約派系統の追放経緯を多くの根拠から跡付けている（太田二〇一七、二三五～六頁、二五四頁）。

「堀が予備役に編入された最大の要因は、堀が現役将官として海軍部内に籍を置いていた場合、海相に就任する可能性が非常に高かったからであった。……海相に就任すれば、人事権を行使し……『軍令系』……の権限縮小に直結する可能性があったためであった」（太田二〇一七、二三六頁）。

†退職後

退職後二年ほど無職であったがその後、日本飛行機社長、浦賀ドック社長などを一九四五年まで勤めた。戦後は、前述のように朝日新聞記者有竹修二のロンドン条約研究を手伝ったり（『岡田啓介』伝の執筆にそれは役立った）、東宝映画「太平洋の鷲」や新東宝映画「明治天皇と日露大戦争」のアドバイスをしたり（三笠の考証）していたが、一九五九年に亡くなった。

†考察

堀は自ら経験した大正期から昭和初期にかけての海軍の変化について、次のように著している。

「教養高き人材を擁する……国民の真の寵児でもあった」ものが、「大正の末から昭和となって、少しずつ様子が変化して来た」。これは「一種の腫物に過ぎまい……必ず治療するに違いないと信じて居た」が、「佐郷屋某の浜口首相殺害を以て統帥権干犯を糾弾したものとなし、更に帝都白日下に兇行を演じ叛乱を企てたる五一五事件をも、軍法会議に於ては、軍縮問題及統帥権問題に奮起せる国士的行為と見倣さるる迄になり、是等の為に軍縮問題に関係して居り吾等の立場は非常に不利となって来た」(二巻、一九八頁。三巻、三三八頁)。

こうしてみると、堀が追放された過程をたんに加藤ら個人の問題のみに帰することはできないことがわかる。そこにはもっと大きな大正から昭和にかけての時代背景の変化があったのである。それは次の三点に整理できるであろう。

①昭和恐慌下の民衆の困窮の中、「財閥特権層」・親英米派・軍縮派への同一視と攻撃——一九二九年の世界恐慌による「大学は出たけれど」と言われる極端な不景気と不況の中、激しいナショナルな平等主義の主張が大衆に支持され財閥元老重臣層は特権階級として攻撃されること

になった。その場合、天皇周辺にいたこれら重臣層は米英との協調を進める立場であったからロンドン条約における国際協調派＝重臣層と堀ら軍縮派はつながっているとされ攻撃されたわけである。堀もあげている五・一五事件裁判はその象徴であった（拙著『戦前日本のポピュリズム』中公新書、二〇一八参照）。

②満州事変以降の国際関係の悪化・対外的危機の認識の増大——一九三一年の満州事変の勃発により、日本は国際的孤立を深め一九三三年には国際連盟を脱退することになる。こうした国際的危機の増大に伴い、ワシントン条約・ロンドン条約に続く国際協調・軍縮派の流れは大衆の支持を獲得しにくくなったわけである。

③軍縮時代の軍人抑圧に対する反発——ワシントン条約からロンドン条約に至る国際協調の時代においては軍縮が進み軍人の社会的地位は大きく後退した。軍関係の学校の多くが閉鎖され軍人の給料は減り若い将校は結婚難となり、彼らは社会的孤立感と閉塞感にさいなまれていたのだった。満州事変以降の時代はこうした軍人たちに生きがいを与えることになっていった。堀ら条約派に対する反発のかなりの部分はこうした被抑圧感に対する報復感情に起因する面があると言えるであろう。

さて、最後に堀を攻撃した側のその後を一瞥しておこう。加藤寛治は重要な会議の内容を漏らしたという疑惑をもたれまた自らの内閣を構想し工作したとも見られ海軍の実力者伏見宮軍令部総長や宮中グループの信任を失っていく（太田二〇一七、二四二〜二四四頁）。

堀によると、「晩年落魄して死ぬる少し前に、山梨大将の態々千歳船橋の田舎まで訪ねて行き、長い間しんみりと話して帰ったそうだが、斯うなると末次を首めとして昔集まって来て居た連中も近づかないしさぞ淋しかったろうと思われる」（三巻、三四一頁）という最後であった（一九三九年没）。

一方、末次はロンドン条約への強硬論を主唱し始めた頃から「とみに評判になった」、「若い者から相当に慕われ」「一派の青年将校たちから憧憬崇拝の的になった」のだった（豊田副武『最後の帝国海軍』中公文庫、二〇一七、三六頁）。陸軍の皇道派の上級将校と同じ体質の、青年将校とマスメディアへの人気取りを期する一種のポピュリストだったのだ。

そして連合艦隊司令長官になり、連合艦隊所属の所轄長連署の強硬意見書を海相・伏見宮軍令部総長に送るなど政治工作に入れ込む。しかしこれはやはり伏見宮の不興を買うことになる。しかし、彼は加藤と異なり、時代の波に乗り結局その後内務大臣・内閣参議・大政翼賛会中央協力会議議長などを務め「末次内閣」が取りざたされるほどの「政治家」となる。

しかし、日中戦争でも三国同盟でも日米開戦時でもいつも強硬論を唱えており、天皇に警戒され首相になることはなかった。一九四四年に東条内閣が倒れた時、海軍は米内首相・末次軍令部総長案で一応まとまったのだが、木戸内大臣は近衛に「陛下は絶対に末次がおきらいだ」

と言っておりこの案は潰れる。この経緯を詳細に検討した野村実は、末次排除という「天皇の意向が最後の決定的要素になったと判断するほかなかった」としている（野村一九八八、一七頁）。堀を逐った者が日本を亡ぼしたものになりつつある中、一九四四年末、末次は没した。

さて一方、歴史が日米戦争へと進んでいく中、堀の最大の親友山本五十六は連合艦隊司令長官として最も避けようとした日米戦争の指揮を執り戦死することとなるが、堀はこうした歴史全体をどのように見ていたのだろうか。晩年次のように書いている。

「今日から遡って当時を追憶し『若しあの時、自分が尚、責任を頒ち得る立場に居たとしたならば、或は身命の危険に曝される様な場合があったかも知れないが、三国同盟反対でも、（日米開戦時の）時局収拾に関してでも、何かもっとしっかりした貢献が出来だのではなかろうか、……』との様な考が浮ぶのを禁ずる事が出来ない。……「あなたは早く海軍をやめて置いてよかったな」と云われる時、それが全く善意の慰安の言葉である事は分り切って居ても、……自分が合槌を打って謝辞を述ぶる時に、自ら自己を詐って居る様な気がしてならない……併し之は……唯過ぎ去った時代に対する淡い思い出の副産物にすぎない」（二巻、一九八頁。三巻、三三八頁）。

堀は、諦観に満ちていたのだが、その後の歴史を知る後世の私たちはそこまでの境地には達しえないであろう。こうして、慈悲心と合理性に満ちた先見的人物が策謀家とそれに動かされるマスメディアなどにより追いつめられる事態起きる度に堀悌吉の名前が思い出されることになるのである。

さらに詳しく知るための参考文献

大分県先哲史料館編『堀悌吉　資料集　第一〜三巻』（大分県教育委員会、二〇〇六、二〇〇七、二〇一七）……堀が遺していた膨大な資料を整備して刊行した貴重な成果。堀研究の基本文献。まだ十分駆使されているとはいえない。後記の文献中、本書刊行以前に出されたものはすべて本資料集による修正が必要である。

広瀬彦太編『堀悌吉君追悼録』（堀悌吉君追悼録編集会、一九五九）……堀についての、嶋田繁太郎・野村吉三郎・山梨勝之進らの思い出を中心にまとめた文集。前者と並ぶ堀研究の基本文献。

芳賀徹他著『堀悌吉　評伝』（大分県教育委員会、二〇〇九）……大分県先哲史料館（安田晃子）編集の堀の評伝。また、比較的早くに出た堀の評伝として、宮野澄『不遇の提督　堀悌吉』（光人社、一九九〇／『海軍の逸材　堀悌吉』（光人社ＮＦ文庫、一九九六）もある。

＊昭和期の海軍の派閥研究に関して参考になるものとしては、以下のものがある。

①伊藤隆『昭和初期政治史研究』（東京大学出版会、一九六九）

②秦郁彦「艦隊派と条約派――海軍の派閥」（三宅正樹他編『昭和史の軍部と政治1』第一法規出版、一九八三）

③野村実『歴史の中の日本海軍』（原書房、一九八〇）／『天皇・伏見宮と日本海軍』（文藝春秋、一九八八

八)/『日本海軍の歴史』(吉川弘文館、二〇〇二)

④田中宏巳「昭和七年前後における東郷グループの活動　小笠原長生日記を通して」一～三(『防衛大学校紀要　人文科学分冊』通号五一—五三、一九八五—一九八六)/田中宏巳『東郷平八郎』(吉川弘文館、二〇一三)

⑤麻田貞雄『両大戦間の日米関係——海軍と政策決定過程』(東京大学出版会、一九九三)

⑥関静雄『ロンドン海軍条約成立史』(ミネルヴァ書房、二〇〇七)

⑦手嶋泰伸「平沼騏一郎内閣運動と海軍——一九三〇年代における政治的統合の模索と統帥権の強化」(『史学雑誌』一二二(九)、二〇一三)

⑧太田久元『戦間期の日本海軍と統帥権』(吉川弘文館、二〇一七)

……①⑥はロンドン条約についての詳細な研究。②⑤昭和期海軍の派閥研究の先駆的文献。③は旧海軍人らしい視点が光る。④は小笠原長生の動きを重視してこの時期の東郷グループを考察した初めての研究。⑦は当該期の艦隊派の動きに詳しい。⑧は大角人事などについての最新の研究成果。艦隊派衰退への視点が新しいが陸軍についての理解が不十分であることなどが惜しまれる。

＊なお、工藤美知尋『海軍良識派の研究』(光人社NF文庫、二〇一一)は、表題に関し山本権兵衛から昭和までを概説した書であり、上海事変における海軍の行動についての正史として、海軍軍令部編『昭和六・七年事変海軍戦史』全四巻、別巻一(影山好一郎・田中宏巳監修、緑蔭書房、二〇〇一)がある。

編・執筆者紹介

筒井清忠（つつい・きよただ）【編者／昭和陸軍の派閥抗争・第14講】
一九四八年生まれ。帝京大学文学部日本文化学科教授・文学部長。東京財団政策研究所上席研究員。京都大学大学院文学研究科博士課程単位取得退学。博士（文学）。専門は日本近現代史、歴史社会学。著書『昭和戦前期の政党政治』（ちくま新書）、『戦前日本のポピュリズム』（中公新書）、『昭和史講義』『昭和史講義2』『昭和史講義3』（編著、ちくま新書）、『近衛文麿』『日本型「教養」の運命』（以上、岩波現代文庫）など。

＊

武田知己（たけだ・ともき）【第1講】
一九七〇年生まれ。大東文化大学法学部教授。東京都立大学大学院社会科学研究科博士課程中途退学。博士（政治学）。専門は日本政治外交史。著書『重光葵と戦後政治』（吉川弘文館）、『昭和史講義』『昭和史講義2』『昭和史講義3』（以上共著、ちくま新書）、『近代日本のリーダーシップ』（共著、千倉書房）など。

庄司潤一郎（しょうじ・じゅんいちろう）【第2講】
一九五八年生まれ。防衛省防衛研究所研究幹事。筑波大学大学院博士課程社会科学研究科単位取得退学。専門は日本近代軍事・外交史、歴史認識。著書『検証　太平洋戦争とその戦略（全三巻）』（共編著、中央公論新社）、『近代日本のリーダーシップ』（共著、千倉書房）、『昭和史講義3』（共著、ちくま新書）など。

波多野澄雄（はたの・すみお）【第3講】
一九四七年生まれ。国立公文書館アジア歴史資料センター長、外務省「日本外交文書」編纂委員長、筑波大学名誉教授。慶応義塾大学大学院法学研究科博士課程修了、博士（法学）。専門は日本外交史。著書に『幕僚たちの真珠湾』（朝日新聞社）、『太平洋戦争とアジア外交』（東京大学出版会）、『国家と歴史』（中公新書）、『歴史としての日米安保条約』（岩波書店）、『宰相鈴木貫太郎の決断』（岩波現代全書）など。

高杉洋平（たかすぎ・ようへい）【第4講・第5講】
一九七九年生まれ。広島大学文書館助教。国学院大学大学院法学研究科博士後期課程修了。博士（法学）。専門は日本政治外交史。著書『宇垣一成と戦間期の日本政治』（吉田書店）、『昭和史講義2』『昭和史講義3』（以上共著、ちくま新書）など。

戸部良一（とべ・りょういち）【第6講・第7講】
一九四八年生まれ。帝京大学文学部史学科教授。京都大学大学院法学研究科博士課程単位取得退学。博士（法学）。専門は日本近現代史。著書『ピース・フィーラー』（論創社）、『逆説の軍隊』（中公文庫）、『日本陸軍と中国』（ちくま学芸文庫）、『外務省革新派』（中公新書）、『昭和史講義』『昭和史講義2』『昭和史講義3』（以上共著、ちくま新書）、『自壊の病理』（日本経済新聞出版社）など。

渡邉公太（わたなべ・こうた）【第8講】
一九八四年生まれ。帝京大学文学部日本文化学科専任講師。神戸大学大学院法学研究科博士後期課程修了。博士（政治学）。専門は日本政治外交史。著書『昭和史講義』『昭和史講義2』『昭和史講義3』（以上共著、ちくま新書）、『第一次世界大戦期日本の戦時外交――石井菊次郎とその周辺』現代図書、近刊。

畑野　勇（はたの・いさむ）【第9講・第13講】
一九七一年生まれ。学校法人根津育英会武蔵学園勤務。成蹊大学大学院法学政治学研究科博士課程修了。博士（政治学）。専門は日本政治史・外交史、日本海軍史。著書『近代日本の軍産学複合体』（創文社）、『昭和史講義』『昭和史講義2』『昭和史講義3』（以上共著、ちくま新書）など。

相澤　淳（あいざわ・きよし）【第10講】
一九五九年生まれ。防衛大学校防衛学教育学群統率・戦史教育室教授。上智大学大学院外国語学研究科博士後期課程単位取得退学。博士（国際関係論）。専門は国際関係史、日本海軍史。著書『海軍の選択』（中公叢書）、『日記で読む

近現代日本政治史』（共著、ミネルヴァ書房）、『日本海軍史の研究』（共著、吉川弘文館）、『日英交流史1600–2000 3 軍事』（共著、東京大学出版会）など。

森山　優（もりやま・あつし）【第11講】
一九六二年生まれ。静岡県立大学国際関係学部教授。九州大学大学院文学研究科博士課程修了。博士（文学）。専門は日本近現代史。著書『日本はなぜ開戦に踏み切ったか』（新潮選書）、『日米開戦の政治過程』（吉川弘文館）、『日米開戦と情報戦』（講談社現代新書）、『昭和史講義』『昭和史講義2』『昭和史講義3』（以上共著、ちくま新書）など。

手嶋泰伸（てしま・やすのぶ）【第12講】
一九八三年生まれ。国立高等専門学校機構福井工業高等専門学校講師。東北大学大学院文学研究科博士課程後期修了。博士（文学）。専門は日本近現代史。著書『昭和戦時期の海軍と政治』『海軍将校たちの太平洋戦争』（以上、吉川弘文館）、『日本海軍と政治』（講談社現代新書）。

ちくま新書
1341

昭和史《しょうわし》講義《こうぎ》【軍人篇《ぐんじんへん》】

二〇一八年七月一〇日 第一刷発行

編者 筒井清忠（つつい・きよただ）

発行者 山野浩一

発行所 株式会社 筑摩書房
東京都台東区蔵前二-五-三 郵便番号一一一-八七五五
振替〇〇一六〇-八-四一二三

装幀者 間村俊一

印刷・製本 株式会社 精興社

乱丁・落丁本の場合は、左記宛にご送付ください。
送料小社負担でお取り替えいたします。
ご注文・お問い合わせも左記へお願いいたします。
〒三三一-八五〇七 さいたま市北区櫛引町二-六〇四
筑摩書房サービスセンター 電話〇四八-六五一-〇〇五三

ISBN978-4-480-07163-7 C0221